你有多强大，
就有
多温柔

刘纪丹 / 著

中国水利水电出版社

·北京·

内 容 提 要

你当温柔,却有力量。本书从女性的视角出发,以理想而实用的方式、睿智优美的笔触,在知识储备、人际交往、品位格调等方面描述了如何成为强大又温柔的女人。通过阅读本书,读者可以让自己内外兼修,激发个人魅力,活得从容优雅,在时光中安静盛开。

图书在版编目(CIP)数据

你有多强大,就有多温柔 / 刘纪丹著. -- 北京:中国水利水电出版社,2020.12
ISBN 978-7-5170-9222-3

Ⅰ. ①你… Ⅱ. ①刘… Ⅲ. ①女性-成功心理-通俗读物 Ⅳ. ①B848.4-49

中国版本图书馆CIP数据核字(2020)第241789号

书 名	你有多强大,就有多温柔 NI YOU DUO QIANGDA, JIU YOU DUO WENROU
作 者	刘纪丹 著
出版发行	中国水利水电出版社 (北京市海淀区玉渊潭南路1号D座 100038) 网址:www.waterpub.com.cn E-mail: sales@waterpub.com.cn 电话:(010)68367658(营销中心)
经 售	北京科水图书销售中心(零售) 电话:(010)88383994、63202643、68545874 全国各地新华书店和相关出版物销售网点
排 版	北京水利万物传媒有限公司
印 刷	天津旭非印刷有限公司
规 格	146mm×210mm 32开本 7印张 163千字
版 次	2020年12月第1版 2020年12月第1次印刷
定 价	46.00元

凡购买我社图书,如有缺页、倒页、脱页的,本社发行部负责调换
版权所有·侵权必究

Contents 目录

第一章 01

内在进化，真正的高贵不关乎身外之物

才情使美丽有质的升华 _ 002

丰富内涵，满袖生香 _ 005

幸福秘诀：做个智慧女人 _ 010

好修养是女人的立身之本 _ 014

全面升级你的气质 _ 019

书不是胭脂，却会使人心颜常驻 _ 023

真正的高贵不关乎身外之物 _ 027

用向阳而生来取悦自己 _ 032

一个头脑清醒的女人应该懂得取舍 _ 039

CONTENTS

第二章 02

不惧风雨，
用才情装饰岁月的痕迹

有才情的女子，不会被时光腐蚀 _ 044

才情在尘封的岁月中酝酿出沉香 _ 049

亲和力像送暖的春风 _ 054

浮躁是一种流行病 _ 059

用一颗平常心过好属于自己的生活 _ 063

酸甜苦辣，都是生活的滋味 _ 068

余生很短，笑看明天 _ 074

人淡如菊，有实力的人不慌张 _ 077

生活经不起刻意的攀比 _ 082

自身能力才能决定我们走多远 _ 086

第三章 03

知情知趣，
会说话的人运气都不差

有才情的女人，一开口就赢了 _ 092
赞美是个技巧活 _ 097
有些话说了不如沉默 _ 100
酒桌上的话要怎么说 _ 104
称呼不是小节 _ 108
在沟通过程中要竭力忘记自己 _ 111
留有余地，不要得理不饶人 _ 115
四两拨千斤，用幽默化解尴尬 _ 118
你贬低别人的样子真不好看 _ 123

CONTENTS

第四章 04

端庄得体，优雅是唯一不会褪色的美

刻意练习：优雅可以后天习得 _ 128
自信是由内而外的优雅展现 _ 132
没有谁会欣赏唠叨不休的女人 _ 134
不卑不亢好过盛气凌人 _ 139
如水一般低调，如水一般清澄 _ 143
懂得自省的女人，才值得钦佩和欣赏 _ 148
面对利益纷争，学会淡泊一点 _ 153
对不属于自己的感情，要学着优雅地放手 _ 158
五种体姿礼仪，为优雅赋能 _ 163

第五章 05

温柔在心，
输什么也别输了心情

高品质的幸福生活来源于你的好情绪 _ 168

生气是拿别人的错误来惩罚自己 _ 172

身在谷底，也要仰望星空 _ 177

爱嫉妒的女人，毁掉的是一颗美好的心灵 _ 180

抱着焦虑的情绪不放，只会把快乐丢失 _ 184

在得失之间做到泰然自若 _ 187

悲伤是女人幸福的"无形杀手" _ 190

不要被一时的感动冲昏了头 _ 194

学会宽恕，排除怨恨的情绪 _ 199

学会原谅自己 _ 203

与其抱怨，不如给生活一个微笑 _ 208

成为自己的"情绪拆弹部队" _ 212

第一章

内在进化，
真正的高贵
不关乎身外之物

才情使美丽有质的升华

唯有才情能让如花的女人美丽长驻,唯有才情能使美丽有质的升华。"自古红颜惧迟暮",可是在才情面前,时间也会变得虚弱无力。才情,如携着花香的微风,滋润干枯心田的细雨;如一段经典的旋律,随四季周而复始地轮回,历久弥香,成为世间不老的神话。

所谓"才情",即才思和才华。这个解释虽然简单,却多少有点空洞。才情一词出自刘义庆《世说新语·赏誉》:"许玄度送母始出都,人问刘尹:'玄度定称所闻不?'刘曰:'才情过於所闻。'"

巴尔扎克说过一句话:"一切皆是形式,生命本身亦是形式。"而才情就是生命形式的一种质感的体现。

林徽因与才情两个字的匹配程度可谓百分之百。她的才情旷世悠远。从她所生活的年代到现在,无数的才子为她倾倒,同性也把她视为典范。当她去燕京大学演讲时,那些引领时代潮流的大学生们听说林徽因来了，顿时从图书馆、教室、寝室蜂拥而至，礼堂人满为患。她一生与建筑结缘，又与诗画不分，而她身上那份传奇色彩大多离不开一个"情"字。

诗人徐志摩为她牵挂一生，才子金岳霖为她终生未娶。而有自己想法的她选择了志趣相投的梁思成。一生相随，访遍各种古迹，亭台楼阁，寄情于雕梁画栋之间。在孩子出生后，她写成明媚感人的《人间四月天》。这样一个女子，人生的每个阶段她都用心感受，传递出温暖。她给人的感觉是一种由内到外的美。她的这份美不因时空的变迁而流逝。

林徽因的一生从年轻到年老，始终有无数的人欣赏她，深爱她。直到她离世，金岳霖还为她写下"一身诗意千寻瀑，万古人间四月天"的挽联。

当代，张艾嘉可谓才情女子。有人曾说，她也许不是最耀眼的明星，却是最让人铭记的气质女人。的确，她的相貌耐看而不惊艳，有主见却从不刚愎自用。才华让她涉足多个领域。无论是做演员、歌手还是后来的导演，她在作品中无一不阐述着人生的哲思，充满了一个女人对世界、对自己的细腻感知。多少惆怅、多少回望、多少爱恋、多少领悟，没有任何虚伪、矫饰，只有从容、率真和豁达。她活得自然而不平淡，积极而不刻意，进取而不功利。儿子遭遇绑架后，她曾在一篇文章中这样写道:"以前我一直以为人生最重要的是盛名,时时想保持常青。不管是婚姻还是儿子,都当做了自身招牌的一点金漆。从未将自己从高处放下,好好审视一下生活。直到儿子的生命受到威胁时,才明了最珍贵的财富并非那个熠熠的金字招牌。"这就是她,从不讳言自己曾经的年少轻狂和在生活面前的虚荣无知,她总能在自己的感情经历和生活的挫折中收获更深的领悟。

两个才情女子,她们的人生无一不在诠释着才情。才情究竟是什么呢?说到底,有才有情才称为"才情"。

才情是一份真挚的情感,是自然而舒适的表达。

才情不需要高学历、高职位来映衬,只要一颗温暖如春的心。

才情是一种灵性、一种创造力、一种习惯。一份对美的向往和描述,如一幅画,一张照片,几行字。

才情不是清高傲慢。只上得厅堂而下不得厨房,只沾得笔墨而沾不得油盐。

才情是最妥帖的着装,最漫不经心的细节流露。

才情是一个人的时候,有自己喜欢的事情做。两个人的时候,有融入对方世界的那份素养。

有才情的女人,才因情而生,情因才而现。有才无情,难以亲近;有情无才,昙花一现。

才情如同一种气质魔法,拥有它女人就像戴了天使的光环,显现出持久卓然的美。

丰富内涵，满袖生香

林清玄曾写过一篇文章，名为《生命的化妆》，里面有这样一段话：

年华已逐渐老去的化妆师露出一个深深的微笑，她说："化妆知识最末的一个枝节，它能改变的事实很少。深一层的化妆是改变体质，让一个人改变生活方式。睡眠充足，注意运动与营养，这样她的皮肤改善、精神充足，比化妆有效得多。再深一层的化妆是改变气质，多读书，多欣赏艺术，多思考，对生活乐观，对生命有信心，心地善良，关怀别人，自己爱而有尊严，这样的人就是不化妆也丑不到哪里去，脸上的化妆只是化妆最后的一件小事。我用三句简单的话来说明：三流的化妆是脸上的化妆，二流的化妆是精神的化妆，一流的化妆是生命的化妆。"

文章末尾，作者做了一番深刻的感悟：世界一切的表相都不是独立自存的，一定有它深刻的内在意义。该表表相最好的方法，不是在表想下功夫，一定要从内里改革。

多么睿智的化妆师，多么深刻的道理。倘若世间的每个女子都能读懂它的深意，或许就不会有那么人急于在表相上下功夫了。尽管女人追求美丽天经地义，这是上天赋予女人的权利，也是女人宠爱自己的独有方式。可若追求美的方式若太流于浅俗，没有将美丽真正地融入到生命里，那么再热烈的浓妆，再经久不衰的小黑裙，也抵抗不住岁月的蹉跎。

女人可以不美丽，不化妆，没有奢华衣装，但一定得有内涵。内涵会赋予美丽以灵魂，会使美丽得到质的升华，会让女人美得脱俗。相比浓妆艳抹来说，这份气韵的沉香不会因时光流逝而退却。

多少年来，简·爱在人们心中，始终是一位富有内涵的知性女子。她自尊自爱，追求美好、平等，打动了无数人的心。她自幼父母双亡，过着寄人篱下的生活，遭受着与同龄人不一样的待遇，遭到舅母的嫌弃、表姐的蔑视、表哥的欺负、保姆的数落。可她的自尊始终都在，无情的生活并未打倒她，反倒磨练出她的信心和坚强，磨练出不可战胜的内在力量。

成年后的她，面对罗切斯特，没有因为自己是一位家庭教师而感到自卑，她认为他们在灵魂上是平等的，并且该得到同样的尊重。她的正直、高洁、善良，从未被世俗污染，让罗切斯特为之震撼，并将她视为一个可以和自己在精神上平等交谈的人，并深深爱上了她。

可就在他们结婚那天，简·爱知道罗切斯特已有妻子，她说："我要遵从上帝颁发、世人认可的法律，我要坚守住我在清醒时而不是像现在这样疯狂时所接受的原则，我要牢牢守住这个立场。"她离开了，毅然决然。

她不能接受欺骗，不能接受被自己最信任、最亲密的人所欺骗。她承受住了打击，并做了理性的决定。在爱情的包围下，在物质的诱惑下，她依然坚守着内心的圣洁和个人的尊严。这份精神的魅力，感染了无数人。谁曾想到，一副纤弱的身躯里，竟然蕴藏着如此巨大的力量，她的内心如此高贵，内涵如此深厚。这样的女人，任时光流转，魅力永不会减退。

走出夏洛蒂·勃朗特写的故事，回归真实的生活，依然有一些内涵深厚的女子，在不同的角落里，用她们特有的方式，绽放着别样的美。

她叫YOYO，一个不甘平静、看起来有些"喜新厌旧"的女子。她总在不同的领域，做着不同的事，从不会长久地把自己局限在某个地方。她对许多事物都充满了好奇，努力尝试着，并尽量做好。她似乎是那种不会老的女人，那种清新自然、淡如秋菊的气质，让多少同性为之羡慕。可她却说："不管美与不美，我都从不会作为花瓶而存在，我注重的是内在。"

这些年，她从未停止过丰富自己的脚步。她做翻译，她写剧本，她学二胡，她会插花。当身边所有人建议她开一家赚钱的美容院时，她却放下一切去做义工，为此辗转了几个国家。归来之后的她，比从前显得更有气质，言谈间更是多了一份温和。她的美，来自内心深处，与几位漂亮闺蜜相聚在一起时，她永远是最有韵味的那一个，尽管她并没有白皙的肤色，并没有水汪的眼睛。

在这个繁华的世界里，女人也许真的该沉淀下内心，不要落入表象的陷阱，以为靠着浅薄的打扮、精心设计的形象、伪装的亲和力、自我吹嘘的权威身份，就可以无往不胜。真正的魅力，从来都不是一眼看穿的，它来自内心深处，来自内里的灿烂。那是历经尝试、思考、百折不回的历练之后，沉淀出来的味道，犹如一杯清香的茉莉花茶，意味深远，回味无穷。

一位法国心理学家说："过去的女人没有现在的社会地位，所以她们用性感作为对抗男人的武器，被动地等待男人上钩。但现代版的女人比以前的女人更积极。她们懂得用头脑来营造让人无法抗拒的氛围，更主动地对男人进攻，夺取自己的目标。"

有内涵的女子，美丽之余，要有智慧。这就如同一块糖，你若只懂得包装，不过金玉其外，真正的味道、真正的价值、真正吸引人的，却是糖的内里味道。

所以，眼里不要再只装得下穿衣打扮和逛街泡吧，那样的生活是空虚的，那样的人生底蕴是单薄的。

你可以没有天生的优势，但你要相信后天的创造。不管此刻的你在哪儿，过着怎样的生活，只要你愿意由内而外的改变，认真努力地去把握人生，丰富内涵，那么行走在繁嚣红尘中，你就可以满袖生香，步履从容。

幸福秘诀：
做个智慧女人

有这样一些女人，她们生活幸福：父母疼爱，朋友喜欢，丈夫潇洒，孩子可人，事业有成，爱情顺利。每个女孩都想成为这样的幸福女人。为此，她们追求、寻觅，然后迷茫、困惑，不知哪里才是通向幸福的路，不知怎样才能让她们不再张望，不再焦急，不再等待。

那些彼岸的幸福女人告诉我们，所有的幸福秘诀可以浓缩为两个字，那就是"智慧"。是智慧让她们不再仰望幸福，是智慧让她们与幸福同行！

铁娘子、女强人、知识女性……在这许多名号中，如果可以选择的话，她们最喜欢的称谓是"智慧女人"。

智慧女人有睿智的头脑，清楚地知道自己需要什么，不需要什么；保留什么，拒绝什么。她们能很好地权衡得与失，明智地抉择对与错。智慧女人对待生活的态度是明朗、健康、积极的。在挫折困境面前，她们也许会痛苦、痛哭、挣扎，但她们绝不会消沉下去，而是想办法解决问题，渡过难关。她们不会让自己沦陷，不会逃避现实，不会因此减损对这个世界的爱。

李静是大家都熟悉的主持人。她主持的《非常静距离》《超级访问》等节目非常受观众欢迎。她有一个幸福的家庭、才华横溢的丈夫和聪明伶俐的女儿。李静总是知道自己要做什么。1999年，她放弃了央视的工作，开始做《超级访问》。虽然节目的收视率很高，但是由于没有经验，不懂得拉广告而欠下高额债款。为此，她四处借钱，把能借的朋友借遍了，房子也抵押了出去。她喝醉过，痛哭过，和自己的亲人大吵过，为此还患上了心绞痛。可是李静并没有后悔自己当初的选择，而是及时调整状态，振作起来，继续坚持。

仔细思考分析一番后，李静找出了原因，决定转变思维，终于摸索出一条属于自己的路——把民营企业制作的节目卖给电视台。最后节目不仅大获成功还很赚钱，她也成为开创此模式的第一人。在这期间爱情瓜熟蒂落，她选择结婚成家，之后可爱的女儿降生，生活充实而幸福。2007年，李静发现自己的事业进入了平淡期。她想要一个新的平台。接触到电子商务的她，遂决定创办女性购物网站——乐蜂网。短短3年时间，该网站已经拥有超过320万名用户，销售额突破10亿元。李静从娱乐节目主持人华丽转身为网站CEO。

作为一个女人，李静的事业和感情无疑都是幸福的。而幸福女人的背后却总是有不平凡的经历。纵观李静的人生道路，她总是能在关键的时候把握自己，知道自己该做什么，如何改变，如何面对。可以说，她的幸福与智慧密不可分，这种智慧就是一种"幸福力"。

智慧的女人千姿百态，其人生精彩纷呈，但说起来她们的特征却无外乎几个方面：

智慧的女人有个好性格，温柔中不失坚强，理性中不乏感性。自信却不自大，谦和却不自卑。热情开朗，大方宽容。

智慧的女人也许不是世界上最有钱的人，但她们却是灵魂最富有的人。因为她们有一个丰富的精神世界。这个世界会源源不断地提供能量，让她不断地更新自我，适应和把握生活以及世界的改变。

智慧的女人会工作。她们善于思考，勇于探索，乐于创新。她们有一颗永远年轻的心，总是会巧妙利用时间不断地充电，像一个永远不会满足的孩子。因此，她们在工作中的表现总是那么游刃有余。

智慧的女人更会生活。她们并不把工作当作生活的全部，家庭才是她们的归宿。她们不动声色地帮助丈夫,协助他们成功;用一言一行影响自己的儿女。她们懂得爱自己,重视身心的健康,不吝啬于投资健康,投资美丽。热爱运动,也常常找机会亲近大自然,调养身心,始终使自己保持一个良好的状态。

总之,智慧是一种气质,也是一种品格。智慧不是天生的,它不等于人的聪明程度,也不等于知识文凭。

智慧重在领悟,重在历练。年轻的女孩们应尽可能让自己在二十几岁时懂得更多,拥有更多的智慧。只有智慧,才能让你把幸福牢牢握在手中!

好修养是
女人的立身之本

一次，一位外国商人在参观国内某小食品加工厂后，对其设备和生产环境非常满意，欲与厂方达成合作事宜。在参观结束时，女副厂长把擦过手的湿巾随手扔在了地上。外商看此情景，皱了皱眉头，大为扫兴，说该厂卫生条件不符合要求，随即取消了合作。

湖南某科技产业有限公司招聘了12名刚毕业的女大学生。但不到4个月，却开除了9名，只留下3名。据公司反映，这些大学生被开除的主要原因是自身缺乏素质和道德修养，很难胜任公司的人才需求。上班经常迟到，睡懒觉，并且上班时间上网、聊天等都是她们的通病。

上面事例中那些令人失望的行为举止、生活习惯，如果让你概括一下，你会想到什么？

没错，这些都是没有修养的表现。一个没有修养的人会让人大跌眼镜。第一个事例中女副厂长不讲究卫生的粗俗举止葬送了一单很好的生意。而第二例中那些女大学生给用人单位的印象非常恶劣，直接影响到她们的职业前程。

修养是什么？

形容男人有修养，常常说他谦谦君子。而说女人有修养，就是知书达理，温柔贤惠。冰心曾说过，修养的花儿在寂静中开过去了，成功的果子便要在光明里结实。一个人的修养，要看他的言行举止。

某女士和一位男士相亲，两人一见如故，互有好感。餐毕，两人兴致不减，商量去公园划船。走在街上，一位老人重心不稳，一不小心撞了女士一下。该女士暴跳如雷，边拍自己的衣服，边骂老者。老者连声道歉，她仍不依不饶。男士顿时目瞪口呆。事后，该男士提出分手。

一个没有修养的人，很可怕。一个没有修养的女人简直难以想象，女人天性中的似水柔情、母性的光彩，那些妙不可言的韵味都被轻易地抹杀。

那么，什么是有修养的表现呢？

有修养的女人和朋友相处，不会事事处处以自我为中心，无节制地让朋友为自己作出让步和牺牲。说话会顾及对方的感受，不会出言不逊。在朋友遇到难事的时候不会恶语伤人，奚落对方，自作聪明。

有修养的女人在工作时，善于分清主次，权衡利弊，与人团结协作，真诚沟通。不会因为承受一点压力就迁怒于同事、客户。即使有不同的意见，也不会高声嚷嚷，强迫对方接受自己的意见，而是不温不火地陈述自己的观点和理由。

有修养的女人在家庭中，对待老人温柔和煦，不会不耐烦。孩子犯了错误，她会悉心听孩子的讲述，不会不分青红皂白，责骂了事。对待自己的丈夫，体贴宽容，不会给他不断地制造麻烦，让他琐事缠身，家事困扰，没有精力去奋斗事业，更别提快乐地生活。

修养是女人身上散发的一种神韵、一种品位、一种气息。像一株幽兰，似一弯月，是任何化妆品都难以涂抹出的。女人可以没有娇好的容貌——再好的容貌终有老去的一天；可以没有曼妙的腰肢——再曼妙的腰肢终会随着时间改变形状，但不能没有娴静如同花照水的修养。修养没有老去的一天，反而随着年龄和阅历的增加而增加，越久越芳香。

女人别管是什么类型，甜美纯净或性感动人，妖娆妩媚或风姿绰约，都不能没有修养。只有有修养的女人，才能在俗脂艳粉中超脱出来，流露出温婉娴熟、端庄从容的气度。好修养不仅是女人的立身之本，更是行走现代社会不可或缺的"软实力"。如果漂亮的容貌使你得到了人生免费的入场券，那么修养能让你获得永远的通行证。

"我是一个没有修养的人吗？"让我们来自测一下，看看你有没有缺乏修养的言行。它们是：

经常抱怨自己的命运及生活遭遇。

以自我为中心，从来不站在对方的角度考虑问题。

自我吹嘘，常向他人夸耀个人优点及成就。

自我膨胀，视自己为最受瞩目的人物。

喜欢挟名人以自重，来抬高自己身价。

自作聪明，扮演心理分析家，对别人的任何言行，都要作出分析，找寻动机。

谈话内容狭窄，而且多以个人的喜好和兴趣滔滔不绝，从不考虑别人的感受或反应。

不尊重别人的观点，把自己的观点强加于人。讲不过对方就撒泼耍赖。

别人还没说完一句话，就粗鲁地打断，强行表达自己的观点。

喜欢窥探他人隐私。

随便对人指指点点，品头论足。

哪壶不开提哪壶，揭别人伤疤。

攻击、诋毁别人。

受不了一点委屈，容不下一个不字。

看见别人有了难事，袖手旁观地说风凉话。

平时与人交谈，言语冷淡。

对自己不喜欢的人就认为可以不讲礼貌。

登门拜访不提前预约。

没有时间观念，开会、赴约、做客不守时。

需要提醒才注意到自己干扰到对方。

对于自己许下的诺言，常常食言。

对别人的错误，大吼大叫，指责谩骂。

没有主见，过度轻率，人云亦云，凡事不经过大脑思考。

对人对事不认真，态度暧昧，模棱两可。

过分注意取悦别人，阿谀奉承。

在公共场所吵吵嚷嚷，当众大声谈论自己的私事。

使用公共厕所不主动冲水。

在无人看管的室外公共区域乱丢垃圾、废物。

全面升级你的气质

罗曼·罗兰说:"气质是很抽象的东西,但是,它给人的印象却非常明显。"一个人真正的魅力、吸引力在于她的气质。从某种意义上说,一个有气质的女孩,才是真正的漂亮,让人过目不忘。气质有很多种,优雅的,甜美的,纯净的,洒脱的……

前美国总统肯尼迪的夫人杰奎琳就是个为世界所瞩目的气质女人,是美国人眼中永远的第一夫人。她端庄典雅,又带着些许哀怨与神秘;她博览群书,有着丰富的学识;她个性鲜明,充满着智慧,有极强的创造力。征服肯尼迪的不是她的相貌,她的相貌绝对称不上漂亮;让肯尼迪倾心的是她独到的智慧、学识修养、知性气质。

杰奎琳在美国人的眼中是一位天使,更是一位典范。就连前美国总统克林顿的夫人,外界号称"铁娘子"的希拉里都对她佩服不已。在她荣任第一夫人前还专门上门请教，为杰奎琳家里的书籍、藏品而惊叹。杰奎琳的自身魅力让同时代的各大国的领袖都为之折服，为之倾倒。法国总统戴高乐在她面前都有点羞涩。一向对肯尼迪不满的印度首相尼赫鲁在见到杰奎琳后也改变了对肯尼迪的冷淡态度。

杰奎琳的确是有这么大的魅力，因为她的气质、她的知性。

几乎所有的女孩都希望自己在别人眼里是有气质的，那怎样才能提升自己的气质呢？有的女孩说，通过训练改变自己的形体或行走坐卧的姿势可以提升气质；有的女孩说，通过穿衣打扮可以提升自己的气质；还有的说，在平时待人接物上多注意自己的态度，避免粗俗的行为习惯可以提升自己的气质。她们说的都不无道理，但只是一个方面。

气质，总的来说，是精神因素的外在表现。

一个人只有具备了丰富的内在，才会在行为方式上表现出特有的气质。丰富的内在也就意味着知性，知性是提升气质的捷径。

知性，就是指内在的文化修养。康德说它是介于感性和理性之间的一种认知能力。它是在现代社会很流行的一个词，而且最常用来形容女性。知性的女人，通常在事业上有着不错的发展，工作上很理性，感情上却很丰富，有一种柔和的魅力，也就是通常人们说的女人味,不像小女孩那样的单纯,是大气的女人味。

提升自己气质,莫过于先变得知性,这等于让提升气质更加具体,更容易操作。如何变得知性起来呢?不妨通过下面的两种途径来实现。

一、学习知识。

这部分包括两个大方面的内容。其一,系统地学习一门学科。或是继续你所学的专业,深入研习,也可以是你一直感兴趣的专业。在这一专业学科上长期坚持,扎根下来,成为你基本的核心知识体系,以此为依托再广泛涉猎,兼学旁收。"样样都通,样样稀松"就等于一样没有。看看那些被公认为气质女人的,哪一个没有自己的一小片天空,一个领域。不一定当专家,只是有个主线,这样吸收知识会更加方便,也更容易有属于自己的视角。其二,如果上面说的是知识的深度,下面说的就是宽度了。了解生活和世界的各种信息,主要是对大家都关心的事物进行了解。从衣食住行到新闻时事,从时尚潮流到政治经济,从文学到绘画摄影,可以无所不包。

二、艺术修养。

看电影,看戏剧,看美术展览,听戏曲,听音乐会、演唱会等,参加这些活动也是在丰富精神世界,开扩眼界,更重要的是增加你的艺术修养。富裕的家庭会让女孩从小学习舞蹈或学习一门乐器，其目的就是让女孩从小接触艺术，增加对艺术的认识，培养女孩的气质。艺术修养其实对于女孩气质的形成有决定性的作用。当然，你不必抱怨自己的家境，怨恨父母没有从娃娃抓起，一切都早得很，也不一定要精通某个门类而成为艺术家。你只需要具备一定水准的、自我的审美力和欣赏力。比如，看了一个画展，或者看了几幅画，你应知道哪些是美的，美在哪儿；听了一张音乐CD，你知道哪一首契合你心境；看了一部电影，你知道这部电影高雅的是哪些，粗俗的是哪些。

另外，提高艺术修养还会让你有机会认识同样有品位、甚至更有品位的朋友。与他们交往，你自然会受益良多。

通过这两方面的努力，你将具备知性的内功。知性会让你在不经意间选择那些与你美好灵魂容易共鸣的事物。受它们的感染，与它们互动，你就会有属于自己的独特气质。知性让你有校正自我的能力。在这样的基础上，拥有宽广的胸怀、谦虚的态度、优良的品德、从容的举止就非常自然了。

你的气质就这样全面升级了！

书不是胭脂，
却会使人心颜常驻

　　爱情是女人最好的补品。爱一个人，女人会朝思暮想，看哪儿都有爱人的影子。恋爱中的女人总是顾盼神飞，容光焕发。她希望两情相悦、天长地久。而世上变化最快的可能就是爱情了。变化原本就是世界永恒的主题。

　　女人求助于食材保容颜不老，青春永驻。而世界权威的营养学家称：女人保养不能仅靠外表，心理保养才会让女人神采奕奕。

　　不弃不离、始终如一、内外兼护，让女人随着时间改变还能增加美丽的东西，那就是书了。

　　书籍是女人永恒的情人。只奉献不索取，没有失效期。书籍让女人得到最好的滋养。

　　入睡前的女人。沐浴过后，点亮一盏灯，捧一本小书，让人世的风光在指间流转缠绵，智慧如细流的溪水，无声无息地流淌进她的心田。白天的繁杂琐事、疲惫辛劳都如微尘一样飘落得无影无踪。

遇到困扰的女人。书籍会扫去她头顶的阴云，抚慰她软弱的心。在纷乱无序的世界面前，给她一点启示。告诉她学会思考，放开眼界，看到未来。使她重新拾起生活的勇气，从失意彷徨中站起来，抖落身上的尘灰继续前行。

记得一位名人说过："读书就好像和一个人谈话。"你随时找这个人，他随时都会在。

书籍是让女人拥有魅力的法宝。"腹有诗书气自华。"塞缪尔·斯迈尔斯在《自助》中说："人如其所读（man is what he read）。"爱读书的女人汲取着世间的精华。性格、思想、内涵、素质、修养、气质，这些让女人散发迷人光彩的元素，哪个能离得了书香的熏染？这份书香营造的魅力让女人无论在什么地方都能绽放异彩。优雅的谈吐、清丽的仪态、静的凝重、动的柔美、坐的端庄、行的洒脱、风姿绰约、细腻温婉。没有华装丽服，也无需浓妆艳抹，男人欣赏这样的女人，女人更钦佩这样的女人。

书籍是女人取之不尽的财富。从书中可以不断获取知识，没有哪所学校可以不限时间、不限地点、不限年龄让你想学什么学什么。想学到什么时候就学到什么时候，不用报课，不用点名，不用找导师。一个女人如果爱上了读书，就会最快获得各种信息，随时更新资讯，以应对不断变换的职场和社会。无师自通是爱读书女人的最大优势。工作中遇到的问题、人际交往上的困惑、感情上遇到的麻烦，这一切都会在书中得到启示和解答。一个爱读书的女人不用刻意安排时间去充电，平时的积累就足够让她在工作中技高一筹。持续增长的智慧可以让她很好地平衡人际关系，深得两性相处的真谛。

书籍让女人不再恐惧年龄。书籍让女人扩展视野。鸡毛蒜皮的摩擦和吵闹，索然无味的纷争和喧嚣都抵挡不了书籍带给女人的恬静和美好。因此，她的心灵会减少和避免很多不必要的磨损和消耗。这样的女人，就算时间在她的脸上留下痕迹，她的心灵也不会老。书籍让女人内心充实，她不会把大把的时间用在抱怨生活上；不会整天担心韶华易逝，恋人变心；不会闲暇时，只顾看电视、上网聊天、逛商场、打扑克、搓麻将等，提前过上"退休生活"，无聊之极。她们把目光投向远方，关注在心灵的成长上。

著名女作家毕淑敏说："日子一天天地走，书要一页一页地读。清风朗月，水滴石穿，一年、几年、一辈子读下去。书就像微波，从内到外震荡我们的心。徐徐地加热，精神分子的结构就改变了、成熟了,书的效力就凸出来了。"

在《我所喜爱的女性》中,她写道:"我喜欢爱读书的女人。书不是胭脂,却会使人心颜常驻;书不是棍棒,却会使女人铿锵有力;书不是羽毛,却会使女人飞翔;书不是万能的,却会使女人千变万化……"

女人与书籍的关系,有点暧昧,好像鱼离不开水,花离不开阳光。有了书籍,阴天变晴天,忧郁变愉悦,贫穷变富有。人的一生就像在海中航行,总有险滩、暗礁,书就是明亮的灯塔,照亮人生的路。人生有山穷水尽时,书中有柳暗花明处。书籍于女人,永远是一份不过时的美丽。

真正的高贵
不关乎身外之物

一间高雅的餐厅里，两个不同的角落，两个不同的女人，两种不同的人生。

东厢的女人出身豪门，香奈儿的裙子，哈利·温斯顿的戒指，普拉达的包包。她一只脚耷拉在沙发下面，一只脚放在沙发上，不端的坐姿与她高贵的衣装格格不入。她正在给男友打电话，根本忘了自己所在的场合，时而冒出一两句轻浮的话，时而又大爆粗口，惹来餐厅服务员的注目。只是，那些眼神里，没有羡慕，只有鄙夷。

西厢的女人普普通通，清新淡然，穿着一条棉麻阔腿裤，一件宽松的白色T恤，头发自然地散落着。她点了一杯咖啡，对服务生露出一抹浅浅的微笑。她全身上下没有一件名牌，生活向来也是简简单单，只因从前的她切身体会过贫苦的日子，所以她更愿意用钱帮助那些贫穷的人。此刻的她正在写信，收信地址是贵州省某一贫困的山区。

庸俗与高贵，浅薄与深邃，就在一个短短的生活剪影里，被诠释得淋漓尽致。

浮夸虚表的世界里，要做个漂亮的女人很简单，要学做精明的女人也不难，唯独做一个灵魂高洁、内心高贵的女人不容易。真正的高贵，不关乎出身，不关乎地位，不关乎名牌，而是内心潜存的精神意念，是灵魂里的自信与高尚，是举止投足间的优雅与从容。

若说漂亮女人是一道风景，那么高贵女人就是万绿丛中一点红。漂亮的皮囊很多，高贵的气质却很少，因为高贵的气质要经过时间、由外而内的熏透才能显现出来。她像一坛沉香的酒，看起来清淡如水，细品才知醇厚的芳香。漂亮的女人只能暂时吸引一些人，高贵的女人却可以长久地慑服每个人的心。老天不会把美丽的容貌和锦衣华服赋予每个女人，但女人可以依靠自己补拙出高贵的灵魂。

一位女友人在咖啡厅里，讲起了一则充满温情却又略带哲思的感人故事——

说起高贵的女人，我第一个想到的人，就是海澜。我们第一次见面，是在她先生的别墅里，那里四周都是草地，远处就是蔚蓝色的大海。我和海澜坐在二楼的阳台上，晒着太阳，喝着咖啡，聊着人生。聊到一些颇有感触的话题时，海澜竟提出要弹一首曲子。我留意到，海澜的手很漂亮，纤纤如葱，白皙柔软，肤质细若凝脂，左边的无名指上戴着一枚冰雕般的蓝宝石戒指。那时的她，刚刚与一位年轻有为的华裔富商结婚。

海澜衣食无忧，读书、弹琴、煮咖啡、做蛋糕，有情调的东西总能够吸引她。这样的舒适的日子，在她看来也并不算特别，她原本也过着富足的生活，她的骨子里，有一种与生俱来的贵气，不做作，不刻意。

可惜，岁月无常，天意弄人。谁也没想到大起大落这个词会和她的人生联系在一起。几年之后，因决策失误，家里的生意遭遇危机，在外出洽谈时，父母和丈夫又因意外而离世。一夜之间，繁华落尽，如梦初醒，满是悲凉。那一年，她只有33岁。

海澜和两个孩子相依为命，她用柔弱的肩撑起一个家。她做过钢琴老师，做过美食编辑，做过兼职撰稿人，在奔波劳碌的日子里，她没有一句怨声，平静坦然，默默承受着生活的重担，还有那些不时传来的流言蜚语、嘲笑讥讽，以及幸灾乐祸的目光和语言。

每天晚上，她会辅导两个孩子的功课，给他们讲一些有关性格培养的故事，也会讲到他们的父亲。日往月来，一年又一年，两个孩子已经读大学了。

那天在海澜家里，我们一起喝下午茶。木质的圆桌擦得光亮照人，上面放着她亲手做的蛋糕和沙拉。她依然像从前那样，喜欢在蛋糕里放各式各样的干果，核桃、葡萄干、瓜子；水果也切得整整齐齐，摆出漂亮的盘。用叉子吃东西时，她的姿态还是那么优雅，与当年那个矜持华美的她毫无分别。

我凝视着海澜的脸，她那么漂亮，长长的睫毛，水汪汪的眼睛。只是，那些沧桑和坎坷，全都落在了她那双纤纤细手上，它跟着海澜一起完成了人生的蜕变，变得硬实了。

我轻轻地问："这些年，挺难的吧？我听说，有个富人一直追求你，你没动过心？"

她说："他是我丈夫的旧相识，对我确实不错，常常开车过来看我和孩子。特别累的时候，我也想过，可以依靠一下他，帮我分担肩上的担子。可是，我不能那么做，我不爱他……"海澜笑着，温婉宁静，安然自若。她烫着漂亮的头发，穿着一件米色的开衫毛衣，周身散发着一种高贵的气息。

什么是高贵？我想这就是了——干净、优雅、低调、有尊严地活着，不为眼前的利益而放弃原则，不为渴望温暖的贪念而违背真心。富与贵不是对等的，那些灵魂上的高贵女人不一定富足，高贵永远无法用金钱买到。

高贵的女人，有一份无欲则刚的平常心，对待得失总能随缘；高贵的女人，有一份从容豁达的心态，对事宽容，对人温和，不会要求最完美，却会要求自己做到最好；不一定拥有最贵的物品，却会完备内心的高洁。高贵的女人，不会纵然身处异处，暂时而尘埃里的花，也不会因为命运的践踏而凋零，她会依靠自己去改变命运，把自己活成一粒种子，慢慢地发芽、生长、开花、结果。

高贵的女人，从不渴望被男人赐予幸福，她们懂得柔弱地依附只会让生命黯然失色。与此同时，她们也不会给男人背负太多的精神负担，而是用完善自我的方式帮助男人找到一种信心，让他勇敢地为自己托付爱。她们通达善意，珍惜感情，却又不会为爱失去自我。

女人，活着就要美丽着，高贵着。在人生的旅途中，始终保持一颗高贵的心，无论何时，遭遇何事，都要仰起骄傲的头，做一个从容坦荡、快乐随心、优雅淡然的女人。

用向阳而生
来取悦自己

看过一本书，作者是莉丝·默里。这本书讲述的是她自己的成长历程。

莉丝出生在纽约的贫民窟，尽管父母吸毒，莉丝还是深爱着他们。她在毒品、艾滋、饥饿充斥的环境中度过童年。在学校，莉丝肮脏的衣着和藏在头发里的虱子，让她饱受同学的嘲弄，所以她厌恶上学，并终因逃课被送进女童院。15岁时，莉丝拼尽全力维持的家庭最终破碎，她开始流落街头，捡垃圾，偷东西。她整夜乘坐地铁，因为只有在这里才能温暖入梦。

莉丝知道，自己的生活之外，还有一个光鲜明亮的世界，只是她与那世界始终远远相隔。莉丝流落街头时，母亲因艾滋感染而死，莉丝深受触动，她决定不再继续过这样的生活，她要改变命运，于是重返高中。

无处安身的莉丝,那时常在地铁站、走廊里学习、睡觉。

她用两年的时间,完成了四年的课程,并获得《纽约时报》一等奖学金,还曾获得"白宫计划榜样奖"。她最终以优异的成绩进入了哈佛大学。

哈佛,全球最顶级的高校之一,是无数学子梦寐以求的地方。没有雄厚的实力,是无法敲开这座高等学府的大门的。所以,能上哈佛的女孩,的确是人中之凤了。

这是一个女孩与命运抗争的故事。

面对逆境与绝望,她毫不气馁,对生活、对自己,始终不抛弃,不放弃,经过几年的刻苦努力,最终走出了一方新天地。于是事实又一次证明,或早或晚,赢得胜利的人,终是相信自己、不向命运妥协的人,终是愿意朝着太阳生长的人。

无独有偶,台湾资讯公司总经理陈维琴,从小也是家境贫寒,大学时代一周七天全在打工,成绩却在学校名列前茅。初期工作时,像打杂、游戏手册翻译、公司会计,她都做过。靠着从小养成的吃苦耐劳的品质,她任劳任怨,一步一步脚踏实地地努力,终于崭露头角,取得了今天的成功。她说:

贫穷的家境成就了我一身耐磨的本事,并且让我更深刻地体会到了人情冷暖。

她要用自强不息来赢得自己的人生,她做到了。

但丁曾经写过这样的话：如果你经历过地狱，便能爬上天堂。这句话，用在这两个女子的身上，特别适合。

谁说女孩只能富养？谁说只有富养的女孩才能见多识广、高雅睿智？莉丝和维琴的经历告诉我们，无论你身处何种境地，遇到何种困境，只要你自强不息，愿意一直朝着太阳生长，你就会蜕变成一个更加美好的女子，就会获得精彩的、令人艳羡的人生。

生活中，没有谁能躲得过旦夕祸福。但是像莉丝这样从小生活在贫民窟——美国犯罪率极高的街区里成长，却没有被同化和污染，并最终取得辉煌的人生，这得需要多大的努力和自我超越？这个曾经在很多人眼里看来没有希望、没有未来的女孩，却给了那些曾经嘲笑她的人们一个漂亮的、有力的反击，她向自己交出了一份完美的答卷。这样坚忍不拔的女孩，实在令人赞叹。

我们每个人或多或少都曾经抱怨过生活给我们的待遇不够好，不够公平。甚至有些女孩以贫穷为借口，自甘堕落。她们可以出卖自己，傍大款，做小三，或者在其他方面投机取巧，为的就是获取丰厚的物质资源，但这样的行为是不会得到别人的尊重的。

俗话说，人争一口气，佛争一柱香。无论贫穷还是苦难，都不应该成为女人自暴自弃的理由。生气不如争气，抱怨不如改变；与其抱怨环境，不如改变心境。比起那些失去腿脚、耳聋目瞎的却自强不息的残疾人，你还有健全的四肢。你活得辛苦，有人比你更辛苦。你还年轻，有一个活跃的大脑和健康的身体，你没有理由不相信自己，你完全可以靠自己的双手创造更美好的明天。

遭遇窘境，绝不要放弃，如果飞不起来，那就跑；跑不动，那就走；走不了，那就爬。无论怎样，都要继续前行，努力朝着太阳生长。这世界比想象中要宽阔，你的人生不会没有出口。你要知道，每个人都有一双隐形的翅膀，不必经任何人同意就能飞。

实际上，每一个优秀的人，都有一段沉默的时光。那一段时光，是付出了很多努力，忍受孤独和寂寞，不抱怨不诉苦，日后说起时，连自己都能被感动的日子。你永远都不会知道自己到底有多坚强，直到有一天你除了坚强以外，别无选择。

成功不会从天而降，你所有的付出只有你最了解。但唯有这样的成功，才更能让自己感到幸福和骄傲。没有好的背景，就要更加努力。梦想人人都有，但不能靠别人去给你实现。努力，虽然未必会有一个圆满；但放弃一定一无所获。失败固然痛苦，但维持原状则更是一种更加痛苦的煎熬。

生命从来不是公平的，但是不要说没有机会，就怕你错失良机。再好的机会，也需要先前的努力作为前提，所以说努力最重要。坚信自己，坚信梦想，用梦想来取悦自己，用自强不息来取悦人生。

实际上，与其抱怨没有给你建桥铺路的父母，不如趁着年轻为自己的梦想打好基础。要知道，这世界许许多多成功的女人，并没有显赫的家庭背景，而是靠自己不断进取而成名的。有人说，女孩要富养，但是富养不是简单地限于物质条件方面，心理建设更需要富养。不然，再怎么锦衣玉食，恐怕也养不出一个出色的女儿。

人往往有趋乐避苦的陋习，只要能够逃掉，哪怕是暂时的逃掉，也不想去吃苦。就像现在很多的女孩子，大学一毕业就忙不迭地去征婚，想要嫁个有钱人，这就是怕吃苦的表现，她们想省略掉中间那个辛苦奋斗的、四处碰壁的过程。可是，你想过没有，你认为最容易走的路，其实往往是最艰难的。你逃掉了奋斗的辛苦，将来也许就要加倍偿还。你或许逃掉了物质层面上的辛苦，但也许就要遭受精神层面上的辛苦。

有一个女孩说过这样一段很漂亮的话，让人喜爱至极，她说："家世好的女孩，会有爸妈铺好华丽的金砖大道；相貌好的女孩，会有男友老公鞍前马后尽献殷勤；运气好的女孩，会有贵人相助而扶摇直上。真是'不幸',我似乎哪个都排不上,但我有幸知道靠山山会倒,靠人人会跑。我虽平常,却独立、自由。我坚信:让自己变得强大,就是最大的幸运。"

这话大气,有底气。所以,女孩将来是否能成为一个有出息的人,重点不在富养还是穷养,而是从小养成正确的三观。"贫贱不能移,威武不能屈",有了正确的三观,不论处在哪种环境,都会成为一个自尊自爱、自立自强的好姑娘。

我更相信,每个人一生的辛苦是个定量,无论怎样,这个定量的辛苦都是逃不掉的。不是这种辛苦,就是那种辛苦。现在逃掉了,将来也会让你补上。所以,晚吃辛苦不如早吃辛苦,早吃早了,早吃早好。如果这一生,是怎么都要受那些苦的,那么不如在年轻有活力的时候,就把这些辛苦吃完吧。

那些被称为达人的,谁不是千锤百炼过来的。不能主宰别人,就管好自己,给自己重生的机会,被逼出来的你会蜕变成天使的。

所以,年轻时候,吃一些苦,没什么。吃苦,不见得就是坏事,只要你始终愿意朝着太阳生长。因为它让你有机会重新认识自己,让你有机会挖掘自己的潜力,让你有机会变得更强。在艰难度日的日子里,不要气馁,记得把自己想象成一只大胃王:把所有的酸甜苦辣,都统统吃掉。

生活中无论有什么挫折，道路无论多么崎岖坎坷，记得都要让自己成为一个有才情的女子。不管经历过多少不平，有过多少伤痛，才情会一直跟随你，一定要相信，一切都会慢慢变好的。只要怀着一颗乐观的心，一心朝着太阳生长，坚信自己一定能行，那么一切艰难困苦都会迎刃而解的。

或许生活不是你想象的那么好，但也不会像你想象的那么糟。无论如何，每一个明天绝对是新的，而现在就是自己奔跑的起点。心怀感恩和希望，光明就会在前方迎接你。

一个头脑清醒的女人
应该懂得取舍

舍得，是中国文化的精髓。舍，是一种处世哲学，也是一种做人的艺术。生活在纷纷杂杂、光陆怪离的大千世界，很多事物都具有极强的诱惑力。而欲望，又是每个人与生俱来的东西。因此，女人要在这个繁杂纷扰的世界里获得幸福，尤其要懂得舍与得的真正含义。

舍得是一种人生的哲学。舍是一种本领，一种态度，一种境界。舍得舍得，往往是先舍后得；舍与得是对等的，你先舍，然后才能得。人只有施予才能获得，这就是"舍得"的真意。当然，这种"得"更多的是指精神的丰润。这其中暗藏的玄妙，需要我们自己从生活中感悟，自己去琢磨。

"舍"与"得"可以说是一种交易，一种左手对右手的交易，很公平的。怎样"舍"，又怎样"得"？值与不值，在于人们心中的等价，不同的人有不同的等价，同一个人在不同的时候也有不同的等价。

常听老人们讲，年轻的时候我们舍弃与家人团聚，舍弃承欢膝下，我们觉得值。但当有一天我们再也没机会承欢膝下、没有机会弥补对家人的亏欠的时候，很多人就会对当初的选择发出疑问：值吗？

人生有时就是如此残酷，有一些选择题是我们必须要做的，我们必须选择一些，舍弃一些。选择的标准正是所谓的值不值得，人要先学会选择，才能学会放弃。

小雅最近很伤心，因为她的男朋友要跟她分手了。原因很简单，小雅太花心了。她像一只美丽的蝴蝶，今天栖息在这里，明天又栖息在那里。

其实那个男孩子真的很爱她，每次她犯错，他都会原谅她。他觉得她像个孩子，只是还不懂爱情，他相信，等她长大了，自然会知道他是最爱她的，所以他耐心地等待。可是小雅每错一次，就像在他的心口上插上一刀，他的心一直在滴血。谁都会有疲惫的时候，纵然他有再多的不舍，最终还是决定了离小雅而去。

而这个时候，小雅才发现自己好孤单，身边的那么多男人，竟然没有一个人能像那个男孩那样对待自己！她知道自己将要失去的可能是人生中最美好的爱情了。

一个头脑清醒的女人应该懂得取舍，哪些是虚妄的贪欲；哪些是无谓的追求；哪些是真正重要的；哪些是不能重来的；哪些是我们不能割舍的珍贵；哪些是我们应该珍惜的美好。只有懂得舍得的真意，才能珍视拥有的一切，更好地享受人生。

幸福女人的三大舍得法则：

一、舍弃过去。

忘记过去吧，许多人都会这样说，可真正做起来却不是那么容易。在日常工作中，上至白领高层，下至小职员，总会碰到让你不开心的事情。你想做一个项目，结果没有成功；工作没做好，受到批评；失败了，你会难过。这时候我们要稍稍调整一下自己，让过去的事情过去，珍惜现在把握现在。

二、舍弃欲望。

女人的消费总是繁杂多样：化妆品、衣服、名牌皮包……不少女人为此孜孜不倦地拼命挣钱。可是当"一个淘宝女店主猝死""美女主播猝死"这样的新闻出现时，我们是不是该降低点赚钱的欲望，考虑下我们的健康呢？

三、珍惜现在。

舍，并不是全部舍掉，而是舍掉那些沉重的，那些让我们离真实的自己越来越远的。我们要舍掉超出正常欲望之外的东西。舍得，不是认输，不是妥协，而是人类生存所必需的，大智若愚的智慧。舍得需要勇气，需要坚定不移的信念。聪慧的你要学会舍弃过去的，珍惜眼前的，才能拥有现在的。

第二章

不惧风雨，用才情装饰岁月的痕迹

有才情的女子，
不会被时光腐蚀

在每个清晨，醒来，坐在床边，看着太阳一点一点地从东方升起。然后看着光线在自己的手中一点点滑过。安静聆听，那是时光流逝的声音。看床头的沙漏一点点地把昨天美好的记忆、年华漏掉，时常会有一种被时光抛弃的感觉。再看看镜中自己的样子，眼角泛起的褶皱，徒增了一点伤感。

年华的流逝，总让我们若有若无地回忆起年少无忧无虑的时光。当我们渐渐远离年幼时光的时候，站在拥挤热闹的街区，曾有那么一瞬间让我们恍若隔世，回念起那些青涩美丽的时光，那些娇嫩的皮肤上盛开的灿烂笑脸。浅浅的忧伤仿佛薄雾轻轻绕在心头，令人感叹：自己已经不再年轻，年华已经悄然逝去。一瞬间不能自已，悲伤起来，恐惧起来。女人都是很害怕衰老的，尤其无法忍受脸上不可抗拒的皱纹。

岁月如水般悄悄地把我们抛在了时光之后，很多很多的女人便会选择各种名贵的化妆品，来掩饰脸上岁月的痕迹。

30岁以后的女人开始经常去SPA馆、美容院还有整形医院，微整形，打针，医美……千方百计地想让自己看起来年轻一些。可是，内心却显现出一种衰老，一种无力抗拒的疲惫。很多女人，当她们卸下妆容，看到真实的、依旧苍白、衰老的自己时，无法接受。

岁月渐渐流逝，让我们渐渐失去了生活的信念。岁月流逝是一种无法抗拒的力量。与其悲伤叹息，一点点在时光里萎靡下去，不如做一个乐观坦然的女人，在时光里快乐行走。悲伤一天是过，快乐一天也是过，何不笑纳自己的一切呢？

有谁能留住将要凋谢的花朵？是否也曾回忆那个凉凉的雨夜，那盈盈的绿叶？而我始终做着世界上最无聊的事，闲看花开花落，徒留伤心往事。

年华老去，这是大自然的规律。安然地接受大自然的安排，不是很好的一种生活态度吗？时光在我们的脸上刻下岁月的痕迹。但是只要我们的心是年轻的，那我们就会一直年轻，永远年轻。

某天，看电视时，看到一个综艺节目，上面说的是一个60多岁的阿婆在模仿迈克尔·杰克逊：穿着时尚，动作流畅，身材匀称，身体硬朗，面庞红润，带着酷酷的微笑；一曲跳下来，居然也气不喘。如果不是事先主持人告诉说阿婆已经60多岁了，大家会以为她最多40岁。

主持人问阿婆："您老人家这么大岁数了还跳街舞，不怕闪了腰什么的？况且，这些舞蹈基本上是年轻人的专利，您一个老人家不会觉得难为情吗？"

然而老人家非常淡然地笑着说："不怕。我天天练习，身体都练得硬朗了。我在公园里跳的时候，比那些年轻人跳得都好。在我们那社区里还拿过第一名的。那些年轻人可羡慕我了，都说我这阿婆真牛。再说了，我觉得自己不老，心年轻人就年轻。"

我们看到了老人家的行为，也许会惊叹。也许我们中间有很多人才40岁，看起来却有60岁一样的苍老。为什么呢？心不年轻，外表如何年轻呢！心年轻，身体才会年轻；精神年轻了，人才会年轻。

当然我们并不能要求每个人都像阿婆一样去跳舞，但是至少我们可以找到能让自己开心的事情去做。岁月如水流逝，心无畏惧，也就不必退避。坦然面对岁月，似乎更能找到快乐和人生真谛。

人活着是要快乐的，何必自寻烦恼呢？

记得有一次，我看见妈妈鬓角苍白时，无声地叹息。感叹岁月已经老去的时候，妈妈却从容、淡定、温柔地告诉我："岁月会老去，万物都会经历萌芽、成长、年轻、衰老、死亡。不用惧怕岁月老去。老去的是容颜、是身体，心却可以一直年轻，灵魂也可以一直年轻。生命的质量在于个人的取舍，生命的意义在于个人的追求……"

可怕的不是岁月老去后枯槁、苍老的容颜，而是青春虽在却憔悴、苍老的心。我们中间又有多少人能够像阿婆一样保持拥有年轻的心态呢？又有多少人能够在面对年华老去的时候，依然保持镇定和淡然呢？你是否坦然面对岁月呢？

当岁月慢慢老去，许多值得记忆的青春和纯粹的快乐都一并交付给了时光。我们每天的生活，都在与昨天告别，而繁忙的四季浸染着我们的鬓发；岁月的笔，终将在我们每个人的额头写下落寞；太长的旅途，让青春开始疲惫。于是，我们开始步履蹒跚；于是，我们的眼神在衰老中愈发地暗淡。

但是，对于我们，当岁月变成褶皱的时候，我们不应该悲伤，不应该叹息。即便眼光不再如炬，生命也因此失去了年轻时的弹性再也经不住岁月的拉力，但是我们仍要用平和的心态去坦然迎接未来的每一天。

做一个淡然的女子。即使岁月老去，淡然和平静却能让我们拥有不同的美丽。做一个不畏惧老去的女人，首先要拥有才情，丰富自己的内涵；学着无论在什么样的情况下，都始终保持自己的优雅和个性。做到这些，你便不会畏惧岁月的流逝。你也不会被时光腐蚀，反而会因为时间的累积，变得愈发有魅力，浓浓的女人味也会在时光的长河中渐渐弥漫。

做一个有才情的女子，从容面对岁月的流逝，你才能成为岁月中永不凋谢的生命之花。

才情在尘封的岁月中
酝酿出沉香

不知谁曾说过,岁月是女人的天敌,红颜弹指老,刹那芳华。可惜,时光抹去的只是美丽如花的容颜,在生命沉浮、花开花谢的洗礼中,那一份穿透岁月风尘的优雅却可以永不褪色。

在很多人的印象中,法国女人就是优雅的代表。在一座散发着浪漫气息的国度里,一些整日精心装扮、悠闲漫步在石阶小径的女人,喝着花神咖啡,聆听法国香颂,哪怕身上并未有太多的法郎,她们也不会吝啬为自己买一枝玫瑰。

法国著名女作家玛格丽特·杜拉斯在她的小说《情人》中这样写道:"在一个公共场所的过厅里,一位男子向我走来。他先自我介绍,然后对我说:'我认识您。大家都说您年轻时很漂亮,我是来告诉您,对我而言,我觉得您现在比年轻时更漂亮。'"

这本带有自传性质的小说，让杜拉斯将她身上那种年龄无法隔断的美，展现得淋漓尽致。正是因为她的才情，让她纵然满脸皱纹，纵然步履蹒跚，却抵挡不住那份动人心魄的的魅力，能够优雅地老去。这是多少女人为之一动的心愿，亦是多少女人在褪却身上的青涩后，在尘封的岁月中酝酿出的沉香。

一位女作家旅居巴黎的时候，结识了五十多岁的法国女邻居弗朗西斯科·奥吉尔。这位法国妇人有过一段失败的婚姻，而后又失业下岗。即便如此，她依然身着得体的衣服——宽松的外套，红色短裙，一顶钟形帽，配以适宜的妆容，随着脑海中的旋律，在街道上迈着华尔兹舞步，不时地朝过往的行人微微一笑。衣服是旧式的，可她举止投足间的那份优雅，却足以令人动容。每次，女作家看到她，都会主动走到马路的另一边，不想打扰她的脚步。

偶然的闲聊之际，弗朗西斯科·奥吉尔对女作家说："紧张快速的生活节奏已经不允许有优雅的生存空间了，为赶时间很多女人只能在拥挤的公车或地铁上大口大口地啃手里的汉堡而顾不上任何不雅，但是我不会，我宁愿端坐桌前，举止文雅地一小片一小片撕好手中的面包，再从容地放进嘴里。我的祖母经常告诉我，'永远都不要忽视你自己，在任何一个细微的地方都不容懈怠'。"说这番话时，弗朗西斯科·奥吉尔微笑着，并且做了一个从头部扫到脚趾的动作。

曾有人问过靳羽西，女人的美丽和所谓残酷的时间是什么关系？靳羽西给出的回答是："优雅与年龄无关。漂亮的女人是不可以有皱纹的，但优雅的女人不同，即使有皱纹，她依然美丽，而且是那种内外兼具的美，我对年龄没有特别的感觉。像撒切尔夫人和希拉里·克林顿，她们并不年轻了，但看起来非常美丽。"

女人如花，在郁郁葱葱的时光里，尽情绽放，绚烂之极。可不过曾拥有多么绚丽的青春，待它逝去的时候都不要悲伤。因为，优雅与年龄无关，魅力与年龄无关，从容而优雅地老去，这是一份值得期待的姿态。当然，优雅并不是某类女人的专利，它是一种从容淡定、不张扬不炫耀的姿态，只要愿意，每个女人都可以拥有。

上海一家高档饰品店的女老板，在平淡的日子里抒写着她的精彩生活。年轻时的她很漂亮，风姿绰约，如今的她已经45岁，可脸庞上折射出的光辉不减当年。她的穿着入时却不夸张；她的发型永远是优雅的盘头，那些美丽的饰品戴在她的头上，不需要做过多地赘述，美丽与否，一目了然。

提及个人对生活的感悟，这位女老板坦言，她也曾为自己容颜的老去苦恼过，害怕30岁的到来，厌恶40岁的坎儿，直到她看到了那句"女人可以优雅地变老",才恍然大悟。没有了年轻美丽的容颜,为何不让自己优雅一些呢?

从那时开始,她选择适合自己的服装,适合自己的发型,读适合自己的书,听适合自己的音乐,看适合自己的电影。她知道,优雅不是假装、不是造作,是一种由内而外散发出的自然神态,有了丰盈的内在,才能在举止投足中流露出来。她慢慢地摸索,慢慢地寻找,找到了适合自己的方式。她不再畏惧年龄,因为那一份优雅的气质,已经完全把老态遮住了,不仅是客人喜欢她的音容笑貌,就连女儿也会用自豪而略带羡慕的语气说:"我希望,以后的我也可以像妈妈那样优雅。"

到底怎样才算得上优雅?是在星巴克里喝着咖啡,还是在酒吧里细细啜品着红酒,或是无意中一种淡定的沉思,蓦然间一个善意的眼神,回首时一脸浅酣的笑容?如果优雅只是某种特殊的情境,某种特殊的动作,那未免太过简单而肤浅了。

优雅是一种无以言说的高贵气质,是由骨子里散发出的品质与修养,是举止投足间透露出的曼妙的气息。

有才情的女人,必然是个优雅的女人,她们不会靠丰厚的物质与金钱去堆砌美丽,却永远懂得如何修饰自己,在不同的场合穿着合适的衣服,说合适的话,彰显出独特而精致的美。这样的女人可以没有惊艳的容貌,却永远有着清新淡雅的妆容;

可以没有模特般的形体，却一定会保持匀称的体型；可以没有优越的家境，却永远有着咸淡适宜的处世态度。

做一个有才情的女子，就像《花样年华》中的张曼玉，有着一丝妖娆，带着一点含蓄，安静得如同处子，回环往复的是一颗优雅的心。那身曼妙的旗袍，那一抹轻盈的步调，在巷口留下了修长的身影，令人回味无穷。

做一个有才情的女子，就像洒落在人间的天使奥黛丽·赫本，有着天使般的面孔，优美脱俗的气质，曼妙轻盈的体态，清澈纯净的眼神……让人过目不忘。在一部部精彩的影片中，她每一个动作，都映在世人眼里，刻在内心深处。

生命是一个过程，每个年龄段都有独特的美。女人只要懂得自觉地完善自己，拥有一种穿透岁月的优雅，不管在人生的哪个阶段，都可以如花绽放。

亲和力
像送暖的春风

有人说:"真正的好女人,能够让人感觉到无微不至的温暖。"

奥黛丽·赫本,被人称为"温暖了全世界的电影明星"。在二十世纪五六十年代,奥黛丽·赫本的事业达到了鼎盛的高峰,世界各地的影迷把她封为"银幕女神"。可是,人们喜爱这个女人,并不是单纯因为她的容貌和演技,更多的还是她那颗温柔善良的心。

年事渐高之后,奥黛丽·赫本淡出了演艺圈,但她并未淡出人们的视线。1988年,她开始出任联合国儿童基金会亲善大使,她经常举办一些音乐会和募捐慰问活动,还亲自到非洲贫困地区探望贫困儿童,埃塞俄比亚、苏丹、萨尔瓦多、危地马拉、洪都拉斯、委内瑞拉、厄瓜多尔、孟加拉等亚非拉国家都曾留下她的足迹。1992年底,身患重病的奥黛丽·赫本,不远万里赶往索马里去看望因饥饿而面临死亡的儿童。她走到哪里，哪里就受到哪里人民的爱戴与欢迎。

时至今日，人们依然怀念这位"人间天使"。人们爱的，不仅是她惊人的美丽，更是她身上那一份温暖的气息。她的爱心与人格，跟她的影片一样明媚，照亮了许多人的心。

奥黛丽·赫本是温暖的女人，"奶茶"刘若英亦是。

就在奥黛丽·赫本去世两年之后，刘若英带着一首《为爱痴狂》走进了很多人的视线。她算不上标致的美女，却也不失美丽；她没有过夸张的表现，却也从不刻板；她是个明星，却又宛若生活中的平凡女孩，大声唱着："想要问问你敢不敢，像我这样为爱痴狂。"作为明星，她站得不高不低，抬头可见，触手可摸。她和许多平凡女子一样，总是笑盈盈的，对人客客气气。许多人都喜欢这个真实的女子，并亲切地称呼她为"奶茶"。奶茶，多好的名字，在寒冷的日子里，暖了手，暖了心。

移开注视着荧屏的目光，回归到现实的生活中，依然有很多向日葵般温暖的女子。

伊阳，一个安静、爱笑的女子。从大学毕业开始，她都在利用业余时间做义工。一颗纯善的心，一份执着的坚持，让这个25岁的女子，看起来温婉清幽，优雅美好。当对物质的欲望一点点扭曲着人们的价值取向时，她的善良显得弥足珍贵，接触过她的人，无不被她那良好的修养、温暖的气息所感染。就连那些不喜欢同人言语的自闭症少女，也愿意向她敞开心扉。

认识自闭症少女飞儿时，是在一个郁郁葱葱的夏天。那女孩黑亮的头发、黑亮的眼眸，给伊阳留下了深刻的印象。第一次见面，飞儿没有任何表情，伊阳没有过多地问她什么，只是告诉她外面的世界，自己遇到的人，自己开心与不开心的事。这样的交流，持续了四五次。后来，再看到伊阳的时候，飞儿竟愿意用眼睛注视着她，尽管没有言语的回应，可伊阳知道她在用心听。

飞儿生日那天，是她们相识半年的日子。伊阳和平时一样，跟飞儿聊天，临走的时候，把礼物留给飞儿，让她回到房间再打开。飞儿打开礼物盒，那是一个可以收集阳光的罐子，还夹着一张美丽的贺卡，上面有一段温暖的字句——

年少的时候，我总幻想把阳光装进罐子，夜晚再拿出来绽放光芒。遇见你的时候，我总希望可以给你最特别的心意，就像那一抹清晨的霞光。我坚信，每个人心里都藏着那个收集阳光的梦想，坚信一定有可以打动梦想的力量。如果你，就是梦想，让我从今天开始，为你将温暖的阳光奉上。

那一夜，飞儿抱着阳光罐入眠，脸上露出久违的笑容。再次见面时，飞儿在伊阳离开时递给她一张字条，上面写道：谢谢你。简单的三个字，伊阳却无比满足。她知道，那颗冰冻的心就像是春日下的雪，在阳光下的照射下，会慢慢融化。雪融化了，就是春天。

温暖是一种信仰，会让女人周身充满爱的希望，让自己、让身边的人更加热爱生活。温暖是一种气场，会让女人变得伟大，给周围的人带去正能量。《红与黑》中，于连那么执意要接近雷纳夫人，正是因为爱上了她身上那一种温暖的感觉。在那个趋炎附势的社会中，在那个视功名利禄为无限荣耀的现实中，很难找到一片纯净之地，雷纳夫人给人带来的温暖与安稳，实在弥足珍贵，令人动容。

温暖的女人，骨子里有一种亲和力，像送暖的春风，像和煦的阳光，像寒冬腊月里的炉火，像雪中送来的热炭。她们不会因为尊贵的出身、美丽的脸庞而变得冷漠高傲，也不会用美丽课堂上学来的东西作为提升身价的砝码，她们尊重内心，不美不俗，通情达理，宽容随和。

温暖的女人，给人带来平实与亲切的感受。她们没有盛气凌人的姿态，不会因为小事而喋喋不休。她们通情达理，和她在一起不会让人感到任何压力，她们就像仲夏里绽放的向日葵，心朝阳光，脸上永远带着淡淡的笑容，走近她身旁，就会被她的温暖所感染。

温暖的女人，不会娇弱不堪、处处依赖别人。她们勤劳善良，若给她一个小家，她会把它装扮得温馨整洁，把饭菜做得香甜可口，与邻里相处融洽。就算心中偶尔荡起涟漪，冒出烦恼的泡泡，她也会很快调整好情绪，不给他人带来麻烦与压抑。

温暖的女人，也是优雅的女人。这份优雅不源于外表，而是源自内心。世间最名贵的香水，在时间与空间的侵蚀下，也会失去香气，可是温暖的女人从内心深处散发出来的幽香，却经久不衰。

平凡生活中的女子，都不是伟大的人，但却都能够用伟大的爱来做生活中的每件事。做一个向日葵般温暖的女子吧！清淡如水，明媚如花。

浮躁是一种流行病

虾看到螃蟹有深红色的壳,羡慕不已,就问螃蟹:"为什么你有红色的壳?"

螃蟹说:"我经常到陆地上晒太阳,强光照着我的壳,慢慢地我变红了。"

虾听后兴奋不已,也便纵身一跃上了岸,像螃蟹一样晒太阳,结果却再没有醒来。

陆地的生活本不属于虾,它却偏要跳到岸上,只因为内心羡慕螃蟹,渴望拥有那美丽的壳。一颗焦躁狂躁的心,让它全然忘了自己是谁,最终死在了阳光下。

故事是虚构的,但道理却不骗人。见别人做什么,有什么,心里着急上火,恨不得下一秒就赶超对方,却不肯冷静地思考:那是不是真的适合自己?

在瞬息万变的世界,浮躁已经成了一种流行病。对于人生苦短这件事，女人愈活愈明白，懂得世人不过都是匆匆过客，唯有珍惜最可贵。可是，该如何珍惜？在这条路上，许多女人绕了弯。她们误以为，活得紧张又明白，才算有价值。事实上，真正明白生活真谛的有几人？不过就是，看到别人有了什么，也拼命地去追寻，非要得到了，才觉得踏实，否则心里就不平静。结果呢？越是想赶上别人，越是坐卧不安，计较自己的得失，变得喜怒无常。

吴小莉曾说："在小时候，我们很容易就找到快乐，那是因为那时的我们很单纯。长大的我们要想得到真正意义上的快乐，就要求得到心理上的安稳。最重要的是我觉得要正视你内心里面的真实想法，做你自己，不要让外界干扰你。"

苏娜没有家庭背景，靠着自己的能力，一路从小职员打拼到销售主管，实属不易。她想在郊区买套房子，首付30万，剩下的钱按揭，每个月还3500元。按照她和丈夫的收入，生活质量不会受到什么影响，一个70平方米的房子，也足够他们一家三口住了。很快，购房计划提到了日程上，她也开始本着自己的目标四处看房子。然而，一次小小的朋友聚会，却让她推翻了之前所有的计划。

聚会席间，一个与她相交甚好的朋友，也提到了买房的事。对方的经济状况不如她，却选了一个地段更好、更加宽敞的房子。她顿时觉得，自己也应该买个大房子，毕竟置业是一辈子的事，人家只是普通职员，还敢背这么重的担子呢，自己为什么不能？她又联想到，如果日后朋友到自己家里聚会，挤在狭小的客厅里，确实有点"憋屈"。于是，最后她买了一个90平方米的房子，月供变成了5000元。

虽然每个月多还1500元的贷款，可她心里总算是踏实点了，至少跟朋友"差不多"了。可是，后来她又听说，朋友之所以买大房子，是因为婆家拆迁了，给了他们一笔钱，所以她才敢花大手笔买那套大房子。而且，人家不只有这套房，还有回迁房，出租一套房的钱就足以帮她们还一半的贷款了。她后悔不已，气自己太冲动，不知道别人的情况就跟着别人的脚步走。想想看，若当初买了那70平方米的房子，不是挺好吗？

苏娜不是现实中的个案，盲目的、不够理性的人有很多。再比如那些总想着一夜致富、一夜成名的人，他们看到别人过得好了，发了财了，就按捺不住。不管自己有没有那个资本，也想走一走别人的路。

林珊是个"爱折腾"的女人，结婚十几年，没过上几天消停的日子。

十几年前，股市一路上升，她看别人买股票赚了钱，自己也赶紧跟着炒股，可她完全不懂股票，也没有那么多资本。结果，把手里的钱都赔了，这个窟窿好长时间才补上。

看着房价又一路飙升，她觉得是个商机，不惜贷款买房、炒房。丈夫不想让她这么折腾，说输不起，可她不听。结果，房子是买了，可是高额的利息压得夫妻两人喘不过气，最后又只好卖了，也没赚回多少钱。

听说家乡的人包山种茶叶赚钱了，她也想做这门生意。可是，多少年不回老家了，也根本不了解当地的情况，更不懂如何种植。朋友劝她，认清现实，认清自己，别再盲目。她心里犹豫，也没有底，可是每每听说别人的生意做得好，又跃跃欲试。据说后来她真干上这门生意了，结果赔得很惨！

每个人的生命，都有它的独特处，不存在可以效仿的模板。所有的浮躁，都是失衡心在作怪，计较小事，好高骛远，贪多图快，不能得到满足，势必就滋生浮躁和不安。学会脚踏实地，平和沉稳，不以物喜，不以己悲，就不会让心情反复在得意、狂喜、傲慢、不安、沮丧和焦虑中起伏了。

德川家康曾经说过："人的一生就像背负着沉重的行李走路，急躁不得。"不管是对待生活、感情、事业，都需要坚守一颗稳稳的心，不为浮躁所左右。人生这段路，不要跟别人比速度，也不要去参考别人的地图，更不要让别人的喜悦感动成为情绪上的阴影和脚下的牵绊。只要从容不迫地踏上自己的旅程，心灵自会为你寻找对的方向。

用一颗平常心过好属于
自己的生活

曾有人说:"假如你现在感觉到吃什么都不香了,看再美的景致都不激动了;住再大的房子,坐再好的车,都没有幸福感了,一定是你变了,变得离真实的生活愈来愈远了。"

生命就像是一艘航船,穿过了春夏秋冬,经历过风风雨雨,最终驶向宁静的港湾。世间没有绝对安宁的地方,处处都有喧嚣,唯有保持不偏离、不焦躁、不迟疑,才能穿越惊涛骇浪,找到惬意的栖息地。

在偌大的城市里生存,每个人都希望降低成本,她也不例外。为了能租到便宜的房子,她只好住在离公司相对较远的区域。每每遇到堵车,迟到的厄运就会降临到她身上,哪怕只是晚出门十分钟,就有可能堵上半个小时。所以,每天她都会早点起床,可一想起漫长的上班路程,和拥挤的公交车,心里的气就不打一处来。

事实上，她迟到的次数少之又少，可是即便如此，每天准时到公司，坐在工位上的那一刻，她心里也不明朗，看什么都不顺眼。她经常把一句话挂在嘴边："怎么这么烦？"说不清楚的一股烦躁感，熄灭她做事的积极性，甚至有时跟同事说话，也忍不住地提高声调。

她心里不想这样，也知道自己的状态不对，可她就是觉得控制不住。在烦躁的泥潭里，她挣扎着，找不到解脱的出口。从前的她并不是这样，谁知工作了四五年之后，脾气倒是见长，最近更是觉得疲惫不堪。

日子像飞一样地高速运转，一年又一年，预期的目标却像天边的星星，遥不可及。压抑感慢慢地郁积于心，让她精神紧张、焦躁不安，很难集中精力做事。公司的环境还算不错，可自己就是不能静下心来，压着一堆的事情需要处理，可怎么都不想动。若是真的让自己放下，彻彻底底地去玩一把，她又做不到。

她看到周围的同事，有时下班后就去聚餐，享受美食。她也参加过，可是美食对她而言并无吸引力。疯狂购物的方式，她也尝试过，可还是意兴索然。

偶然的一次机会，朋友给她做了一次心理测试：重复地画一组简单的线。没过多久,她就觉得很疲劳,说再也画不下去了。朋友提醒她,再画两组就结束了。她顿时觉得来了精神,把剩下的两组画完了。朋友告诉她,这是一个心理医生提供的实验方案。她之所以这么烦躁,就是因为经常做机械、重复的事,工作压力太大了,不懂得调节。

她叹了一口气,觉得朋友一语中的。朋友提议去唱歌,她本没什么心情,可朋友再三邀请,又是出于好意,她只好答应。老朋友好久不见,心里再烦也得控制。她不停地点歌、唱歌,还专门挑那些需要放开嗓子唱的高亢歌曲。

几个小时的释放之后,她觉得心里舒服多了。虽然烦恼没有得到根本的解决,但却缓解了许多,能让心里稍稍平静一点。趁着这股理性,她也意识到自己在工作上已经"心力枯竭"了,有一种能量被耗尽的感觉,重重的压力和疲于应付的状态,让她变得脾气暴躁、消极倦怠。每天纠缠于烦恼,就像陷入了一个恶性循环的怪圈,也许真的是时候让自己跳出来了。

她向公司提出,想要休假一个月。其实,在提出这个要求时,她已经想得很清楚了,如果公司无法满足这个要求,她也会选择离职。暂时停下来,是她此刻必须要做的一件事,因为继续"煎熬"着,对公司和自己都无益处。好在,领导惜才,给她放了一段长假。

休假的一个月，她并没有四处旅行，反倒是独处的时间更多。日出而作，日落而息，看书写字，让过去忙碌杂乱的日子慢慢恢复平静，让焦虑紧张的心慢慢沉淀下来。她开始用心体悟《庄子》中的那句话"乘物以游心"，戒骄戒躁，在平淡和朴实中，重新拾回那个真实的自己，远离喧嚣和浮躁，用一颗平常心过好属于自己的生活。

当然，更重要的一件事，是教会自己调节心情。独处的时候，把心放空，松一松那紧绷的弦，让自己去发现，暂时停下来并不会真的失去什么，反倒会让自己吸取更多的养料，滋养被物欲和忙碌熬干的生命，安抚浮躁易怒的心灵。

长假结束后，她从内到外已经卸下了诸多包袱。工作依然忙碌，可她的心不慌乱了。也许，对于生活这件事，怕的不是忙，也不是累，而是烦。当心里没了烦躁，一切也都变得顺理成章，没那么拧巴了。

朱自清曾在《匆匆》中这么说道："洗手的时候，日子从水盆里过去，吃饭的时候，日子从饭碗里过去，默默时便从凝然的双眼前过去。我觉察他去的匆匆了，伸出手遮挽时，他又从遮挽着的手边过去。天黑时，我躺在床上，他便伶伶俐俐地从我身上跨过去，从我脚边飞过去了。"

时间是人生的主干线，但不是人生的全部，不要用追赶时间的方式来充实生命,那样带不来真正的精神富足。处理某件事情过于长久时,就会感到事物变得单调,也使自己变得更疲乏暴躁。感到疲惫的时候,按下暂停键,不必执拗地逼迫自己。在忙碌的空当儿,静静地独处时,悠闲的状态反而会给你带来更多的灵感和愉悦。

女人的生命不该是一个固定的画面。白天的你,一身套装,干练潇洒,雷厉风行,散发着铿锵玫瑰的芬芳;夜晚的你,一杯奶茶,安安静静,享受它独有的芬芳,来点音乐,拿本杂志,让时光静静流淌。有才情的女人,要活得精彩,更要活得从容。

酸甜苦辣，
都是生活的滋味

　　一直很想写写雨的故事。

　　几年前，我还在读大学，雨是班里的一个女生。这位同学给我留下了很深刻的印象。说来也奇怪，因为我跟她并不相熟，甚至说话的次数都可以数得清。直到毕业以后，我们的联系才渐渐多起来，因为我们同在一个城市工作。在这个城市里工作的同学，为数不多。

　　雨在大学时交了一个男友，两人在一起四年，感情一向比较稳固。可是有一天，男友跑到她面前，对她说："我们分手吧！我们不合适！"

　　雨有点蒙，完全出乎意料啊！

　　她颤着声问："为什么不合适，我们不是一直相处得不错吗？这四年里，我们一直相安无事啊！"

男友低下头，不敢看她的眼睛。过了好半天，他又说："经过这几年的相处，我发现我们并不合适，不像我们想象的那样合适！"

"不是啊，我认为很合适啊！"雨心里很惊惶，她一直全心投入这段感情，并且认为他也像她一样，会永远坚守他们的爱情。他们的生命已经彼此镶嵌，可是现在他居然打算斩断他们的关系。雨接着说："你，你喜欢上别的人了吗？"

他把眼睛移向别处，深深地吐了一口气，说："没有！"

"那你怎么突然发现我们不合适？"

"我忽然明白了，我们之间并没有爱情！是的，我们之间的感情并不是爱，爱情不该是这个样子的！"他沉默了一会儿，接着说下去，"也许曾经有过，但是现在我感觉不到了！算了吧，雨！我们分手吧……"

雨非常伤心，她不知道自己究竟做错了什么，以至于他竟要离开她。她爱他，爱了四年。这四年里，他们不是没有产生过矛盾，但是每一次都化解了。她愿意迁就他，他也愿意迁就她。他们从未想过要分手。但是这一次，雨悲哀地感觉到，他是认真的，他们走到了爱情的尽头，前面就是悬崖。他们的爱情已经无路可走。他们必须分开，都换个方向，然后各自走下去。他们将不再同行，因为他拒绝这样做。

雨是清楚的，他不再需要她，他们如果在一起，他就不快乐。她给不了他快乐了。雨牵起嘴角，无力地笑了笑。那是一个惨白而忧伤的微笑。既然事情已经无法转变，那就放手吧！她最不愿意看见的事情，就是发现自己有一天成为了他的束缚。她心里知道，假如她狠心挽留，他是走不掉的。她有这个把握！尽管他说得很决绝，但是她了解他，知道他不过是在面上表表决心罢了。他是在逼迫自己。但是，她要让他走，她已经想好了！他的心已经从她身上飞走了。她不愿意捆绑他，不愿意让他感到为难。

事情还没完呢！

他说自己没有喜欢上别人，他决定和她分手，仅仅是因为他感到他们之间没有了爱。但这是个谎言，而且没过几天就被拆穿了。实际上，他的确喜欢上了另一个女孩，而这个女孩竟然是雨最亲近的朋友！

真是狗血啊！

女孩叫晴，一直被雨视作最好的闺密。她们认识好多年了，成为朋友也已经好多年了。这么多年，她们亲密无间，见证着彼此的成长，见证着各自的蜕变。她们之间没有秘密，至少从前是这样。从前她们无话不说，分享着彼此的一切心事。

如今这对朋友有了隔阂。晴觉得很羞愧，觉得很对不起自己的朋友。她只能选择逃避。她不仅逃避雨，也逃避他。她为什么不这么做呢？她与他的爱情，给雨深深地造成了伤害，不是吗？晴心烦意乱，后悔答应了他。他们是在一次旅途中擦出了火花。那次远足，雨本来也是要去的，但是临时有事，走不开，所以就只有他们去了。雨那时什么也没有预料到。

曾经的恋人、最好的朋友，如今都已成陌路，雨感到非常难过，她失去了他们。他们悄悄地走到一起了。雨不知道，晴同样也很难过。晴愧疚极了，她甚至决定放弃自己的爱情。她认为她的爱情是不正当的，是邪恶的。她不能对不起雨，她要放弃他，因为他本来是属于雨的。她好像突然清醒了过来，终于知道自己应该做什么。

雨对她说："晴，别这样！爱情这种事，就是这样身不由己的呀！该发生的，就让它发生好了，让一切顺其自然吧！既然你们已经相恋，就相恋下去吧！别管我，别顾及我的感受！你说你觉得对不起我，要我原谅你！不，你别这么想，这压根就没什么好原谅的……我想我们还是朋友，你说呢？"

雨最终选择了与生活和解。她向来就是这样的人，不爱计较，什么都看得开。她就是以这种姿态生活着。她尽管在爱情里受到了伤害，遭到了恋人和朋友的背叛，但最终还是原谅了他们。她不去记恨，不去仇视，反而对他们给予了深深的理解。

但就是这样一个可爱的女子,常常遭到别人的误解,不懂她的人说她虚伪!她听到这样过分而刻薄的言辞,也不放在心上。

在我的印象里,雨一直就是一个心平气和的女生,她的脸上总是挂着笑容。她的笑容是自然流露出来的,绝对不是出于做作。她的笑容会让你感到,她在生活中从来没有不顺心的事情,她对一切都感到满意!她对生活充满了感激!

她偶尔也有不开心的时候,但是她连不开心都是小心翼翼的,好像一生气就会招致什么惩罚似的。对于这一点,我还问过她。我不能不问,我太好奇了!

她说:"我有个脾气糟糕的父亲,他非常喜欢生气,稍有点不顺心的事情,就发大火。他这么做,我和母亲就感到很难过。大家无论先前怎么开心,他一发火就全完了,其他人都跟着沮丧起来。我不想像父亲那样,做气氛的破坏者。我相信情绪是可以传染的,我不能因为自己的缘故,就传染给别人负情绪!"

我说:"所以哪怕遇到不开心的事情,你也尽量表现得无所谓,是吗?"

她不好意思地笑笑,点点头,"嗯"了一声。

"你是不是只在人前这样,人后你会表现出不同的自己。"我字斟句酌,"比如说,可能稍微颓废一点儿?你在人后会哭吗?"

她笑起来,说:"有时候会。但是总的说来,我在人前人后的表现差不多，我已经养成了乐观面对问题的习惯。我对生活充满感激。"

　　她那明丽的微笑非常感染人。她相信所有的悲哀都是暂时的，一切都终将过去。她热爱生活，她对生活付出了真诚的微笑与感动。她容易忘记忧伤，不让它占据自己的心灵；她总是牢牢记得快乐的事情，能为了一件小事开心好久。她就像是一个好奇的孩子，为这个世界里的一切美好而感到惊讶。

　　这几年东奔西跑，一直没有安定下来。每当我遇到挫折，忍不住抱怨这个世界的时候，我就会想起雨，想起这个大度、明朗、乐观的同学。想起她的时候，我会明白过来：

　　生活中总是充满各种滋味，酸甜苦辣咸，一样也不少。有些滋味，我们不喜欢，试图去拒绝，但是拒绝得了吗？所以不如怀着平和的心情去接纳。事实上，只有品尝过所有滋味的人生，才是完满的。

余生很短,笑看明天

终于起风了,昨日裙角飞扬,还在春光里游荡;今日乌云布满了整个天空,又裹起厚重的外衣。无常的天气呀!

人生和天气一样无常。

上班的第一天,很久没现身的老同学,头像在不断闪烁。

问了他一句:"你还好吗?"

立马收到回复:"别问我好不好,不好你也帮不上什么忙,好那也不是你给的。"

第一个反应,这哥们儿受刺激了,而且是伤筋动骨的那种。他那充满火药味的语气,能把人呛死了。

哈!姐姐我不吃那一套。心胸虽然没海洋宽广,但至少也像条奔腾的小溪流。于是,笑嘻嘻地回了他:"必须问呀!你好,我糟心;你不好,便是晴天。"

几乎是秒速回复:"你是个疯女人,哈哈!"

好吧！我大概也是疯了。

下午，正在努力工作，突然接到不好的消息。那个早上还和自己斗嘴搞笑的老同学在出差的路上，出车祸了。车掉进了河里，正在打捞中。

神情恍惚了好一会儿，浑身冰凉。我最害怕听到这样的消息。明明不久前还和你谈笑风生的人，说不见就不见了。生命，真的很脆弱啊！

人世间逃不过无常两个字。现实常常不会照顾我们美好的愿望。生活里，有很多转瞬即逝的东西，让人唏嘘，像在车站的告别，刚刚还相互拥抱，转眼已各奔西东。而那些握过的手，唱过的歌，流过的泪，爱过的人，不过一个转身，说不见就不见了。古人慷慨歌曰，"人生几何"？我们每个人都会面对无常与无奈，最要紧的是能否做到拿得起，放得下。要知道，拿得起，放得下才是完美的人生。

站在岁月的转角，感叹生命里的无常与别离。缘起时，你在人群中；缘散时，你已在天涯。人生就是这样，一页页的翻过，一次次的告别。

晚饭过后，好友喀秋莎转来一段话。她说，等我们老了，有天会不会这样：早起的阳光依旧温暖，我还会习惯地转过身想叫你起来晒太阳，可是突然愣住，沉默。你不在已经好多年，我却依然没习惯。

　　心，瞬间被这句话秒成碎渣，泪差点落下来。并非矫情，而是突然联想到了那位老同学。原来，我误解了自己，自己其实不是表面看起来的那么冷淡，心依然柔软。

　　平日里，我们总是说珍惜，但偏偏学不会的就是珍惜。直到失去了，才突然意识到拥有过什么。或者说，我们一直知道自己拥有什么，只是以为永远不会失去它。即便失去了，也没什么要紧，反正还年轻嘛，可以重来。可是，生命中哪里有那么多东西可以重来？不过是自我安慰、自欺欺人罢了！年轻吗？没关系，多走几段路，错过几个人，受过几次伤，撕心裂肺地哭过几次，也就老了。

　　美好的事物，总来去匆匆，你还没来得及细细品味，它就倏然而去。我们要做的，就是过好每一天，以拿得起，放得下的姿态笑对人生。其实一辈子真的不长，等哪天醒来，或许我们就都老了。

人淡如菊，
有实力的人不慌张

浆果喜欢漫画，买了夏达的一套《子不语》。

《子不语》里满满的中国元素，画法细腻，线条流畅，故事看完让人忍不住细细回味。总之，大爱她的画风。

让人惊艳的，不仅是她的才华，还有她的容貌。一个三十岁的女子，居然拥有少女般的容颜，有些不可思议。相由心生，她这副美丽的容颜与其说是上帝的眷顾，不如说因为她拥有好心态更贴切。她有一颗恬淡、宁静的心，不喜欢与人争执，没有什么野心，她周身散发出一种清新淡雅的气质！真是羡煞许多同龄女子了。

夏达是国内第一个成功打入日本漫画市场的漫画家。

夏达于2010年走红日本，她的作品《子不语》在日本著名漫画杂志上连载，成为国内唯一一部在国内走红后，成功打入日本顶级漫画杂志的原创漫画。日本读者称赞她"画出了日本人也喜欢的作品"。

大家都知道，在中国搞动漫创作极其艰难。成功者实在是屈指可数，而夏达也用了将近十年的时间，才终于取得了这样的成绩。她的天分极高吗？并不如此，她曾遭遇过很多挫折和质疑，但是她始终都没有放弃过。

常说人红是非多，"木秀于林，风必摧之"，这是不错的。有些人在网上恶意攻击，说她只是凭借美貌炒红了自己的作品。类似的言论有好多，有些无聊的人甚至质疑她的私生活。

但她只是淡淡回应："我不是明星，我不需要用容貌来证明自己，也请大家不要这么关心我的私生活。漫画才是我的一切。"

我想，真正内心强大并且有实力的人，才敢说出这么有底气的话来。

对于女人来说，美貌是一种强大的资源。如果换了别人，有像夏达一样如此美丽的容颜，是否还愿意这样安静地去坚持自己的梦想呢？

写到这儿，不禁又想起一位受人尊敬的女性——林璎。她是一名华裔女性，她的作品传遍美国各地，她获得过2009年度美国国家艺术奖章，并在白宫接受了美国总统奥巴马的亲自授勋。这是美国官方给予艺术家的最高荣誉。

林璎出身名门，是民国才女林徽因的侄女，从小就才华横溢。林璎在耶鲁大学读大四那年，美国国家建筑家学会为越战纪念碑在全国范围内征集设计方案。林璎的设计方案脱颖而出，于是在二十一岁便一夜成名。一个评委会委员说：她的作品很简约，但是越看就越觉得它是不受时间和空间限制的，是永恒的纪念碑。

但这个设计并未获得退伍军人的认可，他们要求评审委员会更改原设计。在最后的决定会议上，林璎坚持不改，以其独有的见解和勇气赢得了胜利。

成名后的林璎，并没有因为自己取得荣誉而沾沾自喜。她性情淡泊，生活低调，面对媒体，她不愿过多上镜；当有人走近向她索取邮件地址时，她拒绝了。有些人对她直爽的个性颇有微词。但对于才华满腹的人来说，她们不愿受世俗礼仪的牵绊，她们拒绝平庸，一心只做学问，"我不说话，让作品来替我说话"。

这是一种拒绝霸气的平和与执着。我们总是喜欢用"人淡如菊"来形容那些有才华却淡然朴素的女子。但是究竟什么样的女子，才配得起这样的形容呢？我相信，诸如林璎、夏达，应该是当之无愧的吧！

人淡如菊，并不是天真无邪，不谙世事，无欲无求，而是身处逆境,也能保持平和的心态;身处逆境,也能不慌不忙地坚强。这样的境界不是天生的能力,而是在生活中千锤百炼的结果。

我相信,那些事业有成、受人尊重的女子,背后都经历过一段艰苦卓绝的努力与奋斗,都有着一颗隐忍强大的心。在某个意义上来说,任何的成功都是承受压力的结果。压力来自各方面,如果没有一颗永不言败的心,没有不慌不忙地坚强,如何忍受得了暴风雨的摧残?哪里还有机会看到风雨后的彩虹呢?

林徽因说,我们要在安静中,不慌不忙地坚强。

生活会给我们出很多难题,而女孩想成为人中之凤,如果不能拥有在喧嚣的世界里让心安静下来的能力,那么就算再有天分,也不能积攒能量、厚积薄发而一鸣惊人的。

每个人都知道,成功不容易,而成功后依然保持清醒头脑的人,更是不可多得。进取的路上,我们要安静下来,不慌不忙地坚强,而当获得鲜花与掌声时,则更要安静下来,不慌不忙地坚强。如若不然,就容易被鲜花和掌声打败,所获得的一切又都会立即消失。很多一夜成名的女孩,面对突如其来的赞誉、金钱、荣耀,总容易飘飘然,忘乎所以,以至于丧失了独立、清醒地思考的能力,最后迷失了自己。这是非常可悲的事情。

人与人的差别,不仅在于出身、名誉、地位的差别,更在于面对纷繁复杂的大千世界时，那颗或沉稳或热情或冲动的心。那些人淡如菊的女人，活的是一种风骨、一种情调，她们不为名利所动，也不为取悦别人而丧失自己。她们像遗世独立的花，清新高雅，平实内敛，让人心生钦佩。

  女人只有活出自己，才能光彩夺目。最好的自己总藏在内心的最深处，所以我们要学着静下心来，倾听自己的心声，在尘世中不慌不忙地坚强。在许多时候，我们不需要刻意去改变什么，只要顺其自然，就能找到最好的自己。

生活经不起
刻意的攀比

某女性论坛曾经发起过一个讨论：人生最悲惨的事是什么？

跟帖的女网友很多，有的说天灾人祸，还有的说生离死别……还有很多跟帖者觉得：人生最悲惨的事，是朋友吃着山珍海味，自己吃着馒头咸菜；朋友住着高档别墅，自己却在出租屋；别人背着LV，自己还没进过免税店……透过评论与留言，透过字里行间的叹息，可以想象得出，屏幕背后定是一张张愤愤不平的脸。

林彦在市郊的农村长大。她生得漂亮，学习又好，可谓是在赞美声中长大的。那时，村里的人们总会拿同龄的女孩比较："林彦这姑娘，以后肯定……"省略号后面的内容，永远是和美好、幸福沾边的。

时光荏苒，岁月如梭。二十几年的日子看似漫长，可一晃儿就过去了。林彦工作后，认识了一个温和踏实的男人，两个人恋爱、结婚，一切都顺理成章。对方不是本市人，两人正在攒首付，想申请一套两限房。日子有条不紊地过着，林彦也沉浸在幸福中，可这种平静很快就被打破了。

临近春节，林彦和爱人为了在哪儿过年的事产生了分歧。林彦觉得，春运人多，车票不好买，飞机票又不打折，回婆家实在太折腾，可爱人却执意要回去。最后，林彦只得忍着寒冷，跟爱人回了老家。

从婆家回来后，她看到自家的门口多了两辆车，母亲说那是邻居家的两个女儿回来了，车是女婿开来的，她们纷纷嫁到了市区。在她的印象里，邻家的大女儿，见人从来都是低着头，说句话都会脸红；二女儿是个胖丫头，小时候跟大伙儿一起玩，总是被人欺负，哭得脸上又是眼泪又是鼻涕。那两个女儿上学时成绩都不好，念完初中直接上了技校。当时，她们的父母还说："这两个孩子没前途，不如林彦……"

可望着家门口停的那两辆车，林彦突然觉得，事情似乎全都变样了。她是很聪明，学习又好，也考上了名牌大学，可那又怎么样呢？现在的生活，似乎还不如别人。结婚没有住上属于自己的房子，寒冷的冬天也没享受过专车接送的待遇，只得自己全副武装地去等公交车。她心里涌起一阵难过，并把失意的矛头指向了自己和爱人：如果当初我没有选择他，嫁给一个本市的人，也许我会比"她们"过得更好；如果他家里的条件能好一点，他能多赚点钱，我也不至于像现在这样。

从那个春节开始，林彦的心里就有了一层阴影。每次回家，她总会留意谁家门口停靠了什么车，是什么人开的；也会询问村里的女孩都嫁了谁，对方条件怎么样。听到比自己过得差，她心里就会安生一点；听到比自己过得"好"，她就一整晚都不踏实，要么暗自生闷气，要么就随便找点什么由头发泄情绪。至此，攀比彻底击溃了林彦对生活、对自己的信心，剥夺了她原来的优越感和快乐。只要不回娘家还好，一旦看到、听到了什么，就会陷入深深的自我折磨中。

像林彦这样饱受攀比煎熬的女人，能够安慰她们的，是要比别人都强，有一览众小山的优越感；一旦自己不如别人了，心就会跌到谷底。生活的累，一半源于生存，一半源于攀比。世间有很多女人不是在为自己活着，而是为了面子活着；她们的烦恼，不是因为真的缺少什么，而是因为"别人比自己好"而产生了心理失衡。少了一份知足和惜福的心态，自然看什么都不满意，怎么活都觉得累。如果能把攀比之心放下，安心过自己的日子，明白每个人的生活本就都不一样，也就不会那么痛苦了。

一个人活一辈子，开开心心才好。总是跟别人比，心理肯定会失衡，情绪也会受影响，时间长了病也就跟着来了，倒不如凡事看开点，活得简单些。

生活经不起刻意的攀比，攀比的人生，只有吹不散的失意。每个女人的活法都不一样，至于要怎么活，也无须拿别人的尺子衡量自己。也许，在人生的下半场里，我们依然平凡无奇，可只要心是宁静的，一样可以感受田野的清风、聆听林间的清泉、轻嗅荷塘的花香。放下苛求，放下比较，走出敏感的心界，经营自己的乐土，每个女人都能活出一份悠然自得，一份从容淡雅。

自身能力才能决定
我们走多远

关于学历和能力的讨论一直热度不减。有人说没有学历，你根本没有办法让企业认识你，它是目前最好的参考因素，是硬性指标。高管们在那么多的简历、求职信中如何筛选人才？不就靠文凭嘛，不然那么多人非要考大学干什么？没有达到职位所要求的学历，你再有能力也没有机会让人家看到。这种观点常常让文凭不骄人的女孩感到深深的自卑。

不可否认，有高学历的人的确在求职初有这样的优越性，人们也认为高学历更容易吸引招聘单位的眼球。可是事实证明，学历只对刚毕业或工作不到三年的人有用，高学历并不比低学历的人更容易成功。

程程是宁波人。因为家庭变故后经济条件不好而无奈放弃学业。程程辍学后到处打工挣钱贴补家用，两年的时间从事了很多工作，最后在一家服装厂留了下来。她从一线的工人开始做起，掌握了成衣制作流程，然后当了生产车间主任。她一有时间就刻苦学习服装的制图、剪裁、设计等更有创造性的知识。她自己尝试设计服装，给自己认识的专家看，请他们提意见，还给服装杂志投稿。她的设计图纸被朋友推荐给了厂长，厂长看过后觉得有点意思，并不比厂里的服装设计师的差，于是决定生产一小批这样的服装。服装面世后受到市场的热烈响应，厂里于是破格让程程当了设计总监，月工资上万。后来厂里又招来几个从服装学院毕业的女学生，有本科有硕士，她们设计投产的服装却没有程程的受市场欢迎。原因是她们的设计过于个人化、理念化，没有市场嗅觉。

　　从程程的经历里我们可以看出，学历不代表一切，也不预示着压倒性的成功优势。拿着一纸文凭走不出来的人大有人在，自学成才的人为数不少。文凭仅仅代表着一种经历，反映的是人的局部能力。学历是一个敲门砖，不是保险杠；能力才是关键点。一位资深的人才管理专家认为：企业要的是人才，而真正的人才不会被学历所束缚。只有能为企业带来效益的才算人才；你的学历再高，但没有为企业带来任何效益，就不能被认定为人才。专家认为，唯学历论是过去式了，越来越多的用人单位更看重能力，个人的能力和贡献才是核心竞争力。

郑颖上的是财经大学，读的是金融专业，硕士刚毕业，去一家公司应聘销售助理。对于专业知识她对答如流，考官接下来问："你熟悉Excel并且会操作吗？""会啊。"她心想这还不简单。考官于是希望她用两个Excel表格的数据进行运算，并自动生成第三个表格。郑颖心想自己在大学时是在老师的要求下学习了Excel表格的操作，但只是一般性的操作，并没有学到这个程度。郑颖觉得这家公司有点刁难人，一般性的会就可以了，以后需要的会在工作中学嘛。没想到就因为这一点，公司录用了同来面试的一个大专生。原因是，郑颖这样的硕士生入职后上手会慢，需要一段时间的培训；那个大专生就不必。而他们也急需一个尽快上手的销售助理。

对于郑颖的遭遇，一个职场专家并不意外，他说：越来越多的企业在招聘一个人的时候，会更多考虑学历以外的因素。谁的动手能力强，谁更有实践力，谁能更好地适应本公司的企业文化和氛围，谁能够为他们创造出更多的价值，甚至超乎他们所期待的效益，谁才是他们所真正需要的人才。

当然，一个学历高的人，在普通意义上暗示了很多方面的优质，知识面广，思维能力出众，眼界宽等等。学历与能力的"PK"没有绝对输赢。在这个多元的世界，有以傲人的学历一直占领社会前沿的人物，也有出身低微，被拒之门外对着高校兴叹，在社会的摸爬滚打中，在自己的领域里，"十年磨剑无人识，一朝成名天下知"的人物。在这里想强调的重点是，对于年轻的我们来说，学历高也要重实践、勤充电，学历低也不应成为气馁、不上进的借口。

学历高不见得会赢，学历帮我们敲开了企业的大门，能力才最终决定我们是否可以走好脚下的路，走多远。

第三章

知情知趣,
会说话的人
运气都不差

有才情的女人，
一开口就赢了

爱美之心人皆有之，女人爱美更是天经地义。记得徐帆在代言某护肤品时，一个优雅的转身后，轻轻地说了句"没有丑女人，只有懒女人"。一句话瞬间将女人的心事道破。

章小蕙说："饭可以不吃，衣服却不能不穿。"

大多数女人坚信衣服能改变一个人的形象。在诸多的灰姑娘变公主的电影中，平民的女主角换上精美的晚礼服，在美女如云的晚宴上获得众人瞩目。而那一瞬间，是每个女人内心的渴望。

妆扮精致的女人夺人眼球，但她是否能一开口就打动人呢？固然在男人眼中有着美艳的印象，但这美艳能否打动人心就成了另外一件事了。外表美丽只能是昙花一现，而懂得用心灵倾诉的女人，却永远以最优雅的形象留在人们心中。女人因为谈吐而更加美丽，这是毋庸置疑的。

公交车来了，众人拥挤上去。车上场面混乱，随后听到一阵喧嚣。一位衣着华丽的女子对着一个年轻人大喊大叫，声称是她先占了位子。女子一副不依不饶的样子，精美的妆容配上这副表情显得有些狰狞。

年轻人争辩了两句，女子反而气焰更盛，双手叉腰，一副要打架的模样。年轻人终于在这种情势下败下阵来，悻悻地从座位上站了起来。

年轻人离开的时候，脸上带着不屑和不满的表情。而在这个身华服女人身边的人，也不知不觉地跟她保持了距离，再没有人愿意多望她一眼。

这样的女子，固然美丽，但这种美却带了些距离，令人没有勇气靠近。正襟危坐时还能够给人美丽的印象，但无所顾忌地一开口，就令那美好的印象烟消云散。倘若内心真的有所察觉，也应该值得反思。女人温柔的形象并非来自于外表，而是那无时无刻的轻声细语。对于男人来说，美好的女子正是因为她优雅的谈吐和言语间点滴的关怀，不经意间，将那一丝暖意带给了他人。

谈吐是身份的象征。还记得奥黛丽·赫本在《窈窕淑女》中的演出：希金斯教授想试验让邋遢的卖花姑娘伊莉莎出入上流社会，首先改变的就是她的谈吐，最终使得这位卖花女在上流社会的宴会中谈笑自若、风度翩翩、光彩照人。当她出现在大家面前时，人们停止了交谈，欣赏着她令人倾倒的仪态。她待人接物圆熟而老练，恰到好处。很显然，希金斯成功了。由此可见，女人的谈吐是她个人魅力的展示。

时常见到宴会上气质出众的女主人。她们也许不是最漂亮的，但却是最会说话的人。她们可以自由穿梭于人群中，同每一个认识的或者不认识的人交谈。她们能够让你感受到你是被重视的。她们就是有这种能力，让你如沐春风，让你有想要和她聊下去的感觉。这样的女人身上仿佛有一种无形的魔力，她们一旦开口，仿佛全身发光似的，站在人群中，那光彩能让人一眼看到。

大街上发生了一场小事故。骑自行车放学回家的小姑娘被一个骑摩托车的小伙子撞倒在地。小姑娘顿时疼得站不起来。小伙子被行人拦住，要给小姑娘讨个说法。

小伙子很年轻，一头黄发，脸上带着桀骜的表情。他对众人的指责满不在乎，甚至认定不是自己的错误。看着他这副表情，有打抱不平者认为应该给他点教训，把警察找来。

一个中年女子从人群中站了出来。她面容清秀，衣着朴素，并不算很美。她先过去看了看小姑娘的伤势，然后走到小伙子面前，轻声说："赶紧去医院吧，去看看伤势再说，时间拖久了，不是好事情。"

小伙子看了她一眼，对这劝说无动于衷。

中年女子继续和颜悦色地说："年轻人，你撞人是大家都看见的，你肯定无法逃脱责任。但至于责任大小，得看小姑娘的伤势而定。该你承担的是跑不了的。你是非要等到警察来强制处理呢，还是先送小姑娘去医院然后私下调解呢？"

小伙子看着这中年女子：她没有气势汹汹的样子，反而面容平和；她并没有带着责备的语气，相反这语气很温和。但在喧哗声中，这两句和缓的话语反令他一字一句都听了进去。他脸上的桀骜开始消失，露出一丝惭愧。

中年女子扶起小姑娘，对小伙子说："走吧，去最近的医院。"

小伙子低下头，一言不发地走了过去。随后，他们的身影渐渐消失在远处。

众人脸上的表情，由当初的愤怒和不满，换成了敬意和钦佩，这目光肯定是给那中年女子的。

有人说，从一个人的言谈中可以看出这个人的品质。一个人再光鲜，但一出口就伤人难免让人心生厌倦。而一个有着优雅谈吐的女子，总是让人想要去亲近。亦舒笔下的女子，大多貌不惊人，但却能出口成章。点滴的言语，化解他人内心的纠结，在这瞬间，人们被她们的谈吐所打动。于是，喜爱和青睐由此而来。

面对喜爱的人，想要留下好印象，是光鲜美丽的外表持久还是优雅的谈吐持久？这一试便知。人与人之间的相处是长久的过程，这其中必定有一样奇特的东西维系，那便是谈吐。男人对于女人的依恋往往来自于她们的善解人意。

言谈间的温柔和气质在不经意间流露出来的是最令人难以忘怀的。有着优雅谈吐的女人即便不惊艳，但一定有出众的气质，她们就是那样，一开口就能打动人。所以纵然不是舞会上最美丽的女人，但是等舞会结束后，想要再次见到她们的人，一定占绝大多数。

赞美是个技巧活

女人都喜欢别人说她漂亮,男人都喜欢别人说他帅气。从心理学角度讲,每个人都需要外界对他们的认同。这种认同会让他们感到受关注。赞美是一把火炬,可以照亮别人的心灵。有时候,一句赞美的话就会把双方的距离拉近。因此,我们最不应吝啬的就是赞美了。尤其是女人,当你用闪亮的双眸,欣赏的目光,温柔的话语,对别人说出一句赞美的话时,所产生的魔力绝对超出你的想象。懂得赞美会让你的交际没有阻碍,成为你打开社交之门的金钥匙。

当然,懂得赞美的好处,更要懂得如何赞美。拙劣的赞美只会让人觉得你很虚伪。那么如何赞美呢?要掌握以下几点:

一、赞美要发自真心。

人人都喜欢被别人赞美,但不是所有的赞美都照单全收。赞美忌虚情假意,无根无据。例如,本来对方个子很矮,你却说:"你个子很高呢!"对方一定会觉得你真违心,甚至觉得你是在讽刺他。一位女士明明相貌不佳,你偏要说:"你太美了!"她会觉得你是在挑衅她。越是懂得赞美的女人越知道,要赞美一个人,先要善于发现别人的长处。每个人都有长处,哪怕这个长处很微小,或者从具体的事件入手。这样的赞美才不会给人虚假牵强的感觉,这样的赞美才会真正的深入人心,发挥作用。

二、赞美要合乎时宜。

不是任何情况都适合赞美。赞美要看时机、看场合。例如,对方正为一件棘手的事忙得焦头烂额,你却送上赞美,只会遭人家白眼,根本就没心情搭理你。有的赞美并不适合当众,这样被赞美的人会不自在,在场的人也会觉得你真肉麻。此外,赞美也要注意适可而止。

三、赞美要因人而异。

每个人都有不同的性格、年龄、职业、气质,赞美还要因人而异。

对方是一个老人,你可以夸他身板好;对方是一个比你小的人,你不妨夸他的创造力;对方是一个孩子的母亲,你可以夸她的孩子聪明可爱;对方是一个职业女性,不妨夸她有气质;对方是一个生意人,就夸他经商有道。

四、不妨间接赞美。

有时候，直接赞美会显得不太自然。这时候我们还可以转换角度，间接赞美。

生活中最常见的例子就是赞美一位母亲，就夸奖她的孩子。

赞美很通用，赞美很简单。一句"你行的""你很有天分""你真棒"，就能给人无限的勇气。对于身处逆境的人，你的赞美会让他们振奋精神、战胜困难，这是雪中送炭；对于身处顺境的人来说，你的赞美便是锦上添花。

赞美的话语再配合肢体语言效果更佳。如：一个伸出大拇指的手势；一个友好的微笑；一道赞许的目光；一个鼓励的拥抱等都是赞美，让人有无限的回味。

有些话说了不如沉默

话有三说，巧说为妙。怎么才算是巧说呢？话是对人说的，自然首要的是要因人而异。俗话说："见什么人，说什么话。"你不能对每一个人谈论同一件事。比如：与一个厨师大谈如何耕种，与一个生意人大谈厨艺，对方多半没什么兴趣。

有这样一个小笑话：某女口才非常好。有人向她求教，问她可否传授一些诀窍。她说："很简单，对什么人说什么话。例如，同屠夫就谈猪肉，对厨师就谈菜肴。"求教的人又问："那倘若屠夫和厨师都在现场，你又谈什么呢？"她说："谈红烧肉。"这个笑话告诉人们一个道理，只有因人而异才能赢得对方的好感。

有些女人，不是不会说话。她们语言流畅，甚至幽默风趣。可她就是不看说话对象，与其这样，还不如不说的好。

李佩佩是保险公司的职员，人长得有模有样，说话也很有趣，是办公室里的"开心果"。开始，同事觉得佩佩是个不错的女孩，可是公司里她业绩最差。原来，佩佩吃亏就吃亏在那张嘴上了，说话从来不看对象。

有一回，到一个怀有身孕的女人那里跑业务，本来是想让人家对她多点好感，就说到了没出生的孩子身上。开始说将来孩子肯定像她，说着说着，就说到这年头养孩子没好处，物价这么贵，千辛万苦把他们养大，长大了却净给你气受。孕妇越听越气，愣是一点儿买保险的意思也没有了，还把她赶出了门。

不看谈话对象，是指不看对方的性别、年龄、身份、职业、文化修养等。只有综合了这些因素和信息后，说出的话才能入耳。比如，你的对象是位老人，要想让他对你有好感，你可以从他年轻时的经历谈起。老人大都喜欢回忆，也总有一些让自己自豪的经历。如果你的对象是位年轻的小伙子，那你不妨以姐姐的视角谈谈他正在做的事情，对未来的想法。如果对方是长你几岁的女性，还是已婚人士，穿着很有品位，同她说话，自然也要用语文雅。你可能会想到，有过接触和了解的人当然会有一定把握，可对方完全是陌生人，怎么会了解到自己需要的信息，保证不说错话呢？

这种情况，你可以不急着说，先听。例如，对方说话直来直去，简单明了，你也要实在坦诚。如果对方谈吐文雅，你也应温婉有礼。

此外，还要注意对方的情绪，这一点也不容忽视。

聚会上，一位男士与一位女士聊天，两个人聊得不错。这时，女士手机铃声响起。接过电话后，女士眉头一皱，叹了口气挂了电话。男士谈兴正浓，又接着前面被打断的话题聊了起来。女士却一直不怎么说话，最后找了个借口离开。

这位男士没有注意到女士情绪的变化，自顾自地说，使得本来大好的局面却这样黯淡收尾。

单雨是一家热风炉公司销售人员。她接到上级指令要到市郊一个村子去开拓业务。户主是一位老大妈，一听说是电器公司的就把门关上了。单雨又接着敲了很多次后，老大妈才不耐烦地打开一条缝。单雨赶紧说："大妈，不好意思打扰您了。我知道您不想换电器。我这次来不是向您推销的，而是想向您买些鸡蛋。"老太太把门开大了一点，怀疑地看着单雨。单雨这才继续说："我看到您院里的鸡，是山鸡吧？真漂亮啊，我想买两斤新鲜的鸡蛋带回城里。我妈妈喜欢柴鸡蛋，做出的蛋糕别提多好吃了。"

于是，大妈从门内走出来，和她聊起鸡蛋的事，态度比先前好多了。单雨说："您院里的牛棚搭得真好。不过，您丈夫养的牛肯定不如您养鸡挣得多。我能参观一下您的鸡舍吗？"老大妈高兴地点点头，招呼单雨进院子里来看。话也多了起来，跟单雨说："姑娘啊，不瞒你说，我一直让我家老头跟我养鸡，可他不干，也不承认我比他赚得多，呵呵！"单雨一边参观一边说："大妈，如果您的鸡舍用热风炉的话，鸡下的蛋肯定比这还多。"

半个月后，这位大妈照着单雨留下的名片给单雨打电话说："姑娘，虽然大妈知道你是想跟我推销，但你说的话大妈我听了高兴，我决定买了。"

如果单雨还跟以前的推销人员一样，一见面就开始说自己的产品有多好，推销肯定失败。她没有这样做，而是先用晚辈的身份同大妈拉家常，又兴趣浓厚地参观大妈引以为傲的鸡舍，一步步地取得了大妈的好感，谈成了业务。

除上文中提过的关于谈话对象的性别、年龄、职业、情绪之外，对不同的人说不同的话，还要注意以下方面：

地域：对北方人说话可以率真一些，对南方人则要细腻一些。

文化背景：与不同文化背景的人说话，可以适当增加一些他们行业里的术语。对方无形中会觉得你很亲切，对你心生好感。

兴趣爱好：从对方兴趣出发，聊对方感兴趣和所关注的地方，会让对方觉得你们之间有共鸣。

酒桌上的话要怎么说

"举起一杯酒，能尽万般情。"喝酒作为一种交际手段，既能烘托气氛，还能使人敞开胸怀。在职场上，无论是迎宾送客，聚朋会友，还是彼此沟通，联络感情，酒都可以发挥独到的作用。现今很多事都会放在酒桌上谈。作为一位职场女性，请客赴宴、应酬吃酒是在所难免的事。

与男人不同的是，女人在酒桌上不必拼酒量、胆量。决定女人能否交际成功最主要的是酒桌上把握话题和气氛的技巧。毕竟，酒桌上的核心是谈话，谈话能融合各方面的因素，结出友谊的果实。如何才能在酒桌上有得体而有效的发挥呢？不妨从下面几方面做起。

一、提前准备一些话题。

准备两三个话题。话题的范围可以是新闻、时事、书籍、电影等，也可以是自己或别人的一点有趣的经历或体会。考虑一下这些话题能引起别人哪些回应或问题，是不是能使酒桌上的气氛更加融洽。避免那些可能使谈话气氛冷却或僵化的话题。

下面这些语式都是能体现你魅力的语式：

"一次我在重庆开会时遇到了这么一件怪事……"

"我们邻居有个小孩，6岁，小脸粉嘟嘟的，说的话特别有意思。一次在楼下玩，你猜他看见我说什么……"

二、席间寻找即兴话题。

酒桌上与陌生的人说话，一开始不知道对方的兴趣，不妨从所吃的东西聊起。中餐、西餐、日式、川菜、鲁菜、湘菜，它们之间的不同，带给人的口感，以及其中所含有的典故都可以成为话题。聊着聊着，就会发现对方的兴趣点。

此外，还可以先向其提一些问题，如："您和在座的某先生是同学吧？""听说在座某女士是你的同乡？"

从对方兴趣入手。对方最感兴趣的往往都是他乐于谈且有话可谈的。比如，对方最喜欢旅游，便可以此为题，谈谈各个城市的印象、变迁，以及某个景点最佳的旅游路线等等。

总之，无论是哪种话题，重点是要导出对方的话。这样就会你来我往，越谈越投机。

三、巧妙抵挡劝酒。

在酒桌上被人劝酒难以避免。如何能礼貌得体地拒绝劝酒，这是每一个经常出入交际场合的女生应该注意积累和掌握的技巧。我们完全可以"却酒不失礼,拒酒结情谊,让酒显优雅,避酒人称奇"。

(一)以礼却酒。

对方以礼敬酒,你以礼还礼。

一次应酬中,一位男士向一位女士频频举杯,要求赏光共饮:"相聚都是知心友,同喝一碗舒心酒。"女士则笑着说:"知心朋友有,茶水也当酒!"

(二)以情却酒。

一般情况下,酒挟着情的威力,令人无法拒绝。拒绝不喝会被认为"不给面子没感情"。感情劝酒有时发生在礼仪敬酒之后,"杯杯酒,表深情"让人难以推托。对付这样的劝酒除了以礼推却之外也可以其人之道还治其人之身。动之以情,既不伤感情,又能保证商务交往顺利进行。

比如对方说:"危难之处显身手,感情深了一杯酒。"你不妨说:"万水千山总是情,少喝一杯行不行?"

在酒桌前还有一些要注意的地方:

一、与众同乐,切勿私语。

互相贴耳小声私语容易造成对众人的忽视,是得不偿失的做法。最好的方式是先与邻座或其他同性交谈几句,热身之后就要把目光转向众人,或者把你们的话题公布出来让众人参与。

二、审清宾主，把握大局。

谁是宾，谁是主，要始终了然于心。整个饭局不管多散，最终都要回到中心。不要做那个喧宾夺主的人，也不要被那个喧宾夺主的人搅乱了心志。

三、言语恰当，诙谐风趣。

什么时候说什么话，就是言语恰当的表现。其中别忘点缀一句两句幽默的话，会让人对你印象深刻，产生好感。

四、劝酒适当，莫要强求。女孩子劝酒是比较冒险的事，不过要是劝得巧妙恰当则另当别论。

五、敬酒有序，分明主次。

以年龄来分先敬长者，以职位来分先敬高者。

六、察言观色，区别对待。

与人交际，尤其是交谈，会察言会观色，才能不说错话，办好事。

七、锋芒渐露，不卑不亢。

说话要既不过分地表露又不让人小看自己，选择逐渐地放射自己的光芒是最好的方式。

掌握了酒桌上如何展开话题，如何抵挡劝酒，以及在酒桌上的一些注意事项，女人在职场中游刃有余就绝不是什么难事。

称呼不是小节

人际交往，称呼是必不可少的，也是让人特别敏感的。尤其是刚见面，如果称呼不当，给人的第一印象就会非常差劲。反之，如称呼得体，往往使人产生好感。可以说，称呼是否恰当会影响到整体的交际效果。

王女士三十多岁了，还没有结婚。单位里一位刚来的女大学生张口闭口地称她"老王"。王女士听着特别别扭：自己看上去有那么老吗？这个新同事对人一点没礼貌！

称呼不是小节。它体现着一个人的修养、智商。一个懂得恰当称呼的女人往往能广结人缘。

那么，怎样选择合适的称呼呢？总结起来，有以下几个原则：

一、注意场合。

场合是称呼能否恰当的第一因素。如在本单位同事关系比较轻松，就可以直呼其名。私下里还可以用昵称。但是在公司以外的工作场合，就不能随便称呼昵称，而要称呼对方的姓氏加职位。这样才能把你们在本公司的职位，承担什么责任等信息准确有效地传递给对方。又如在某些比较西化的企业。一般人都喜欢别人叫他的英文名。叫中文名的话会显得很土，那就注意记住他们的英文名。

在多人场合，称呼要注意主次。宜以先长后幼，先上后下，先疏后亲。一般应以女士、先生、朋友的顺序称呼。

在日常生活中，我们称呼自己的亲人为爸、妈、弟、妹等，而对外，我们要根据不同的情况采取谦称，如"家父""家母""舍弟"等；对对方的亲属，应采用敬称，如"令堂""尊兄""令爱""令郎"等。

二、根据年龄判断。

这点很好把握。比如年轻的，称小姐、小妹、先生；对于年老些的，称女士、夫人、太太、大嫂、阿姨、奶奶、叔叔、伯伯、大爷、爷爷。当然这里最重要的是要结合考虑对方的心理。俗话说："逢人命短，遇货添钱。"意思就是说：对于别人的年龄，要少说几岁，对于人家买的东西，要往贵了说些。

三、根据关系的亲疏判断。

如果是关系比较亲近的，可以直呼其名，或小名儿、绰号、雅号更显亲昵，这时，喊"小王""老赵"都不算失礼。若关系较远的就要用姓氏加上先生、小姐等正式称呼，或者加上职业、职位。对于完全陌生的一些服务人员为了让对方感觉亲切，也不妨用些非正式的称呼。如称呼出租车司机为"司机大哥／大姐"，称呼服务生为"朋友"等。

四、根据职业，职位判断。

不同的职业，也有不同的称呼。如对医护人员称"大夫""护士小姐"；对公职人员称"同志"；对教师称"老师"，或在这些职位前冠以姓氏，如"康总""高处长"等。

不管我们怎样称呼他人，最关键是要传递出这样的信息："你很重要，我很重视你。"

在沟通过程中
要竭力忘记自己

每个人都喜欢谈论自己的事情。可是你感兴趣的事情,不见得别人会感兴趣。你觉得很激动的事情,也许别人觉得你是大惊小怪,甚至觉得好笑。

小蓉办公室有位大姐,工作一闲下来就喜欢跟小蓉她们几个同事聊天。其他女同事只敷衍地答应几声就各自找其他同事聊天去了。小蓉刚开始还觉得她们有些不礼貌。怎么能对年长的人这样没礼貌呢?可是渐渐地,小蓉也开始找借口搪塞躲避这位大姐了。

原来,这位大姐每次聊天都是在说自己。自己怎么和婆婆相处;婆婆对自己如何如何不好;丈夫年轻时候有多少人喜欢,女儿在学校又发生了什么有趣的事等。总之,她说话从不管别人想听不想听。时间长了,她刚说上句,小蓉就知道下句是什么了,所以在大姐一开口说"我……"小蓉和其他的女同事就打岔儿,你先我后,很有默契地离开了。同事们私下说,大姐"更年期"了吧?要不然怎么总说这些车轱辘话?

这位大姐为什么会引起小蓉和同事们的反感和不悦?为什么人们都不喜欢和她交流相处?就是因为她张口闭口都是以自我为中心的话题。生活中像这位大姐的女人并不少。最让人可叹的还不是她们身上的毛病,而是当她们发现朋友都不喜欢和自己在一起时,不知道问题究竟出在哪儿。

以自我为中心是一种个性特征。自我中心者通常只关心自己的利益,很少顾及别人。似乎人人都应该为她服务。为人处世总是从自我的需要和兴趣出发。体现在日常行为上就是聊天时总喜欢说自己关心和感兴趣的话题。自我中心的话题会视他人为不存在,对方当然会觉得不舒服。还会给人如下糟糕的印象:

自私自大:只有自私的女人才会不尊重对方的感受,自大的女人才会不断强调自己的存在。

没有修养:总是对他人喋喋不休地说自己的事是没有修养的表现。

空虚乏味:有内容的人话题范围很广,不会仅局限于自身。

善解人意的女人从不会犯这样的错误:她从不会将自己困

在狭窄的自我里面,不会在交流中把别人晾在一边,自己说得头头是道,津津有味,好像别人只是陪衬,自己才是主角一样。善解人意的女人会关心别人的想法,善于体会对方的心理,留意对方的反应。她们总是以对方的兴趣为聊天主线,轻松地交谈。因而在社会交往中不断获得人们的好感。

对于聪明的女人来说,在人际交往上,克服掉总是说自我中心话题的习惯后,会发现许多事情都发生改变。

乔是纽约一个咖啡豆作坊的业主。她想把自己磨的咖啡豆卖给一家比较有名的咖啡厅。她尝试过打电话给咖啡厅,极力推荐自己的咖啡豆多么与众不同,还想办法参加过咖啡厅老板的派对,但都失败了。

后来,乔改变了策略,她打听到咖啡厅老板是个不折不扣的天文迷。于是她看了十几天天文书籍后,再次去找那位老板。见面后,乔并没有像往常那样滔滔不绝地介绍自己的咖啡豆有多么好,而是问老板最近有没有"流星雨",然后顺理成章地聊了近半个小时的天文地理。看得出来,咖啡店老板的确爱好天文。他与乔讨论得非常投入,而乔在整个过程中只字未提她的生意。最后,还是老板说,想不到像您这样的女士竟然是天文迷啊,我还真想尝尝喜欢天文的女士做出来的咖啡豆是什么味道呢。就这样,两人自然而然地达成了交易。

乔前面之所以失败，与她仅从自身的角度出发与人交流的愿望有关。当她转变了自己的思维和角度，以对方感兴趣的话题为突破口时，事情发生了奇妙的转变。是啊，人人都喜欢谈论自己感兴趣的话题，为什么不抓住这个心理特点。尽量自己少说，引导别人多说一些呢？

女人在与人交流时应避免以自我中心。也就是说，在沟通过程中要尽量忘记自己，不要总是说自己的那些事儿。交流时，当你忘记自己的时候，往往是女人最有魅力的时候。

留有余地，
不要得理不饶人

人无完人。谁做事也没有十成的把握。只要对方不是故意找茬，寻衅滋事，能放手的时候就放手。不要得理不饶人，要留一点余地给别人。

给人留余地的女人，体现的不是无能和懦弱，而是宽容。宽容是一种胸怀，是一种高尚的风格，是人性中的一抹亮色。懂得宽容的女人会因这抹亮色给人留下深刻而永久的好印象。

一位女士在一家餐厅用餐，时不时翻阅着一些资料。一位老人在邻桌独自用餐，边吃边抚摸着身边的一条小狗。本来餐厅是不准狗进入的，只是因为老人住在附近很多年了，儿女都在国外，餐厅老板同情老人，因而特许的。平时这只宠物狗十分乖巧可爱。这次不知是身体出了状况还是受到什么惊吓，竟然吠叫着从老人身旁蹿了出去，把正在用餐的女士桌上的东西打翻，汤汁全洒在女士的身上。

　　一切发生得太突然，女士大惊失色，旁边的食客和侍者也都惊叫出声。老人慌忙起身向女士道歉，一边说着，一边捡起地上的资料，并提出要赔偿女士的损失。女士看看老人，本来愠怒的表情缓和下来。她叫服务员取了块湿毛巾，边擦边对老人说："没关系，老人家，这点小事不必在意，还是看看小狗怎么样了？它是不是受了什么惊吓？"然后收拾起资料淡定地走了。

　　这一切都被一个人看在眼里。这个人其实是女士的客户，因为他坐得比较远，女士没有注意到他。那位客户本来还在犹豫要不要跟女士合作，这件小事让他当即做出了要与女士合作的决定，拿起电话通知给了他的秘书。

　　这位女士肯定没有想到一个小举动竟然为她赢得了客户的好感和信任。

　　生活中有些女孩，她说得有理，可是就是难以让人亲近和喜欢。因为她总是得理不饶人。工作上失误的同事已经再三道歉，可她就是不能释怀，一味的斤斤计较，咄咄逼人，弄得场面难以收拾。最后终于引起别人的嫌恶，只好慢慢地疏远她。

　　相反，有些女孩，当别人不小心冒犯她，并承认错误后，她总是轻轻地一笑，很有风度地说："算了！算了！"顺势让对方找到台阶下。看似吃了点亏，实际上，"让"出的这"三分"

理，收获的却是对方的"七分"心。何乐而不为呢？

一位加拿大留学回来的女博士应聘到一家上海贸易公司上班。她不但学历高，口才好，业务能力也强。但是每当开会时听到同事提交的一些较不成熟的企划案时，她就会毫不客气地把对方批得体无完肤。如果有些同事不小心哪句话、哪件事得罪了她，她还会不留情面地破口大骂。在她的观念里，并不觉得自己这么做有什么不对。因为理在她这边，如果不是别人有错在先，她何必多费口舌。然而，她的态度使得同事们渐渐疏远她。她成了一只孤雁，最终她离开了该公司。当然不是能力问题，而是她受不了人际关系的压力。她自问："难道我错了吗？我发脾气都是有道理的啊。"

不是她没有理，而是她的做法欠妥，得理也要让三分，她一点也没有注意到这一点，所以才会悻悻离去。

不能原谅他人的失误与差错，不能退让，其实也是在跟自己过不去，给自己增加心理压力。宽容别人，其实也是在放过自己。宽容别人的同时也善待了自己。正如《菜根谭》中所说："径路窄处，留一步与人行；滋味浓的，减三分让人尝。此是涉世一极安乐法。"

四两拨千斤，
用幽默化解尴尬

生活中，我们总会遇到这样或那样的危机情况。有些是人为的，有些是环境所产生的，当它们降临的时候，生硬而冷酷的态度只会强化其负面作用。一本正经去辩解，往往会使事情变得更糟，而幽默却能将它们轻松化解。

美国国务卿希拉里是美国政坛非常有影响的女性。她以自己特有的幽默化解了很多的危机，使得民众越来越折服于她的个人魅力。竞选总统期间，有一次在塞勒姆市的礼堂演讲。听众中有两名男子高举"给我熨衬衫！"的牌子闹场，言下之意是希拉里作为一个女人不应该抛头露面地参加总统竞选，应该在家里好好做家务。对于这样的无理取闹，希拉里丝毫不乱分寸，她风趣地说："如果现场还有人不会熨衬衫，那么我可以提供技术指导。"诙谐幽默的回应，顿时引来一片掌声。还有一次，选民攻击她女人味不足，向她提出了这样一个问题："你够女性吗？"希拉里从容地说："除了女性，我不知道我还能作为其他什么参选总统。"希拉里以幽默予以回击，轻松化解了尴尬。

面对别人发出的责难，希拉里的这些话带出多少从容和智慧啊。她的不以为然显示出的是极致自信，只有一个心胸开阔，充满魅力的女人才能作出此番回应。面对这样的回答，还会有人觉得希拉里不够"女人"吗？试想，面对这些危机时，如果希拉里手足无措，暴跳如雷，会出现什么样的局面？选民们对她的印象还会好吗？即使她只是振振有词、有理有据地予以反驳，危机也不会化解得如此轻松和巧妙吧？

有些时候，在危机面前，只有幽默才能起到这么好的效果，只有幽默才能如此"四两拨千斤"。

尚可可26岁，在一家外企上班。最近因为母亲患胆结石生病住院，需要人照顾，她不得不频繁往返于医院、公司和家之间。难免会上班迟到，为此受到了上司的严厉警告。虽然她说明家人需要照顾，医院离公司太远，但是她觉得老这么说上司已经不耐烦了，毕竟公司是希望员工把工作放在首位，上司大概已经考虑要换人了。果然如此。这一天，安顿好母亲后，尚可可赶去上班，偏偏又碰上交通堵塞。当她九点四十分走进办公室时，同事们寂静无声地在工作，只见上司朝她走过来，表情很微妙。尚可可忙露出微笑，对上司郑重地说："您好，我是尚可可，是来这儿应聘的，我知道40分钟前，这里还有一个空缺，我算来得及时吗？"同事们听了不由笑出声来，上司也不禁莞尔。尚可可用幽默成功化解了危机。之后，她把病情基本稳定下来的母亲转到了一个离公司很近的医院。再也不用担心上班迟到了。

女人用幽默来化解危机。幽默中包含豁达和自信，智慧与修养，坦然和淡定，更表现了女人特有的风度。幽默除了可以为自己化解危机，还能为他人化解危机，使原本僵持的气氛瞬间缓和下来，避免更大的人际冲突。

丈夫请妻子到餐馆吃生日餐。有道菜是"蚂蚁上树"，可端来的菜盘里只有粉丝不见肉末。丈夫先强压怒火问服务小姐："服务员，这道菜叫什么？"服务小姐回答："蚂蚁上树。""怪了，怎么只见树不见蚂蚁？"丈夫终于发作，大声地说道。面对如此步步紧逼的质问，服务小姐的态度也开始不友好起来。不耐烦地辩解着，声调也抬高了。妻子见状，马上接过话来："老公，大概蚂蚁太累了，还没爬上来。服务员，麻烦你给老板说一声，赶紧给我们换一盘爬得快的蚂蚁吧！"听了此话，丈夫不由得笑了。服务小姐一听也不说话了，急忙为他们换了一盘名副其实的"蚂蚁上树"。

对于丈夫和服务员之间的冲突，聪明的妻子只是用几句幽默的话便使气氛顿时轻松起来，一场危机就这样化解了。

面对不利于自己的流言蜚语，面对别人对自己名誉的诋毁，一般人都会怒不可遏。有的人也许会想尽办法证明事实的真相，但聪明的女人会巧用幽默化解危机。

幽默感是家庭关系、恋人关系、朋友关系、同事关系最好的润滑剂。一句笑语，一个调皮的表情，女人用幽默可以让一场"战争"瞬间化为一场浪漫的"黄梅雨"。幽默不但在"危机"关头能化险为夷，还会提升人与人之间相处的情谊。用幽默化解危机，危机也可能成为转机。

著名主持人杨澜曾在广州担任一场文艺晚会的主持人。杨澜上场时，一不小心踩空，滚落到台下。

意外一出，满座哗然，一些观众甚至还吹起了口哨。登台亮相时的马失前蹄可以说是主持人遭遇的最大尴尬，因为意外摔倒带给观众的滑稽感觉破坏了晚会的演出气氛，也有损主持人的公众形象。

然而，杨澜镇定自若，重新上台，笑着说："真是人有失足，马有失蹄啊，我刚才的'狮子滚绣球'还不够熟练吧？看来这次演出的台阶不那么好下啊，但台上的节目会很精彩。不信你们瞧他们……"

杨澜出丑后，并没有刻意回避尴尬，而是利用风趣、机智、幽默的话语巧妙地摆脱了困境。紧接着一句"狮子滚绣球"的幽默自嘲，化解了观众不友善行为引发的尴尬。最后，杨澜利用台下和台上的关联，顺势引出精彩节目，把观众的注意力转移到节目中来。杨澜的幽默应变，不得不让我们叫绝。

幽默是让我们增添魅力的要诀，但幽默不是一件容易的事情，需要我们好好学习。

我们要弄清什么是幽默，领会幽默的内涵。要知道，幽默不是油腔滑调，不是嘲讽，不是插科打诨，而是思想、学识、品质、智慧和机敏在语言中的运用。

正如作家王蒙所说："从容才能幽默。平等待人才能幽默。超脱才能幽默。游刃有余才能幽默。聪明透彻才能幽默。就是说，浮躁难以幽默。装腔作势难以幽默。钻牛角尖难以幽默。捉襟见肘难以幽默。迟钝笨拙难以幽默。"

我们还要扩大自己的知识面。幽默是以丰富的知识为基础的，只有有了广博的知识，才能自由联想，妙言成趣。因此，我们就要不断地充实自我，增长见闻。多读、多看、多听、多学。同时，我们还要提高观察事物的能力。一个人若能迅速敏捷地捕捉事物的本质，才能用诙谐的语言，令人们产生轻松的感觉。

幽默如此重要，让我们尽快掌握这种能力吧！

你贬低别人的样子
真不好看

有些人总是需要表现自己，在外人面前极力把自己的优势凸显出来。其实，在社交场合中，表现自己是一种非常正常的社交思维方式。可是，有些人为了表现自己，不惜贬低别人，好像没有一片绿叶来衬托，就显示不出自己这朵鲜花的美好。这样做，表面看虽然是抬高了自己，却得罪了别人，同时也让别人觉得你的人品不好，影响了自己在别人心中的印象。

有一位太太非常喜欢贬低别人，但她不知道的是，她在贬低别人的过程中并没有抬高自己，反而暴露了自己的缺点。

这位太太经常对别人说："我就非常不喜欢外国人的高鼻梁。我们是中国人，要那么挺的鼻梁干什么？你看，大象的鼻子倒是很大，但是一点儿也不好看。而且，我跟你说，鼻子大的人都目空一切，自命不凡。"这位太太说得很夸张，话语中又带有很强的感情色彩,就让听的人忍不住观察她的鼻子,才发现原来她的鼻子又小又矮。

这位太太还说:"肤色长得太白的人也不好。现在流行健康美,人们都会把自己的肤色晒成古铜色,这样看起来也很性感。你看那××,皮肤长得那么白,每天都一副营养不良的样子,看着就知道她身体不好。"这位太太说了这么多,不由得让听她说话的人又注意了一下她的皮肤。原来她的皮肤很黑,而且还比较粗糙,看起来确实很"健康"。

随着这位太太的各种言论的不断发表,人们也渐渐看到了她的真实相貌,也都明白了她的这种心理是为何产生的了。

例子中的太太企图通过贬低别人来抬高自己,掩饰自己身上的缺点,结果适得其反,让自己陷入窘境之中。这就好像一朵鲜花找了一片绿叶来衬托自己,结果鲜花即将枯萎,而绿叶新鲜如初,不仅没有起到衬托的作用,反而夺去了鲜花的光彩。所以,并不是贬低别人就一定能够让自己更优秀。

既然如此,生活中为什么还是有些人喜欢贬低别人呢?一般而言,喜欢贬低别人的人不外乎有两种类型:第一种类型,他本身条件不错,但是由于虚荣心作祟,希望自己拥有的东西都是最好的,也恨不得告诉全世界这种东西是最好的;第二种类型,他们自身条件不是很好,非常自卑,却为了面子和尊严而不得不掩藏自己的缺点，装出一副自信满满、谁也不如他的样子。

可是，不管是何种原因，贬低别人而抬高自己都不是明智的做法。靠贬低别人来凸显自己，就算一时显示了自己的优越，但是在这个过程中，你对别人造成了伤害，已经使自己的人格大打折扣，使自己终究成为粗俗的人。

李女士在一家国企上班，她的丈夫也是某部门的干部，儿子也非常听话，这一切都让李女士感到自豪，每天总是利用一切机会让人们知道她的幸福和骄傲。

有一次，一位同事在遗憾自己的儿子高考差两分没被名牌大学录取，一旁的李女士听到了，就插嘴道："唉，真是的，我家儿子也不争气，我一直想让他上清华，结果他这次只考上了人大。"这话一出，旁人自然不难看出，李女士是在炫耀，于是整个谈话的气氛就有些冷了下来。

后来，李女士因为一些原因进行了人事调动，她满以为自己会被热情欢送，谁知道当天只来了一名干部，也只是例行公事而已。

或许李女士只是一时的无心之言，但是，她的这种自夸、自傲却是建立在"我儿子比你儿子强"的姿态上，自然就会让别人感到不舒服。

一个人是否高雅、有气质，并不是通过外在的东西来表现的，也不是通过贬低别人就能体现出来的，关键在于自身的修养。适当地抬高自己并不是清高自负，但是在言行上贬低别人，用旁若无人的高谈阔论、矫饰的表情、夸张的动作来表现自己，就会使人反感。

不仅如此，为了抬高自己就贬低别人，还显得自己心胸狭窄，也会让被贬低之人难过。我们要谨记，绝对不能肆意贬低他人，否则就会让自己的形象跌入谷底，人际方面必将遭受重创。

第四章

端庄得体,
优雅是唯一
不会褪色的美

刻意练习：
优雅可以后天习得

很多女孩认为，只有那些有钱的女人才能"穿"出优雅，只有有"闲"才能慢慢地"透"出优雅。

其实优雅可以超越容貌，超越身份，超越财富，超越年龄。

优雅首先是内涵和气质。没有这两样，再昂贵的衣服穿在身上也只是炫富，而和优雅无关。

既没有钱又没有"闲"，还能让自己优雅得体，这才是真正的优雅。这种优雅是从内到外散发出来的气息，这样的气息才会被随身携带，时刻散发，不会因为最近购没购得最新款的服装而有什么不同。因为优雅是她最美的外衣。

优雅的典范首推奥黛丽·赫本。她的容貌美丽天成：端庄的大眼睛，甜蜜的笑容，气质永远那么优雅。"她是自然与美丽的化身，她皮肤细嫩，性情温和、活泼，她的微笑散发着独特的魅力和内在美。"《ELLE》杂志的主编罗西·格林说。她从没在摄影机前搔首弄姿,更不曾用挑逗性的动作取悦观众。她为人很有教养,从来没有大明星的架子。她从来不会盲目地跟风,她遵循自己的趣味,任何衣服穿在她身上都会流淌出优雅的气息。这就是为什么时尚界一直流行这样一句经典语:"是奥黛丽穿衣服,而不是衣服穿在奥黛丽身上。"

一个优雅的女人,无论是穿着普通寻常的运动装和朋友们说笑,还是踩着高跟鞋在街上一个人行走,或者着职业装在办公室里忙碌穿梭,优雅都会如影相随,不会受到丝毫的遮盖和隐藏。

漂亮是天生的,时尚是可以用钱追的。如果你没有这些,也无需灰心,因为优雅是靠后天习得的。

梅子是我的邻居,关系一直很好,常常联系。不久前收到她的电话说要结婚了,对象我们大家都认识,是吴俊!我们都没有想到,因为他们分开好多年了。梅子从小喜欢吴俊,我们这帮朋友都知道。梅子的父亲和吴俊的父亲是好朋友,两个孩子也很自然常在一起玩耍。两人一起上小学、初中、高中,上大学才分开。

后来,吴俊在大学谈了个女朋友,暑假带回家来。梅子也见到了,从此梅子好像放弃了这份感情。大学毕业后,梅子一直在别的城市工作和生活。两人竟然因为出差的原因重逢在 5 年后。重逢两个月后，吴俊竟对梅子表达了爱意，还是单身的梅子便同意交往试试看。这不，一年半后两人要结婚了，通知我们这些小时候一块长大的朋友。后来我问梅子，怎么让吴俊喜欢上自己了。梅子说这个问题她也问过吴俊，以前他一直说他们会是一辈子的哥们儿和兄妹，不可能变的，怎么又爱上了自己。吴俊的回答很简单，就是她变优雅了，和以前给人的感觉不一样了。

　　作为梅子的朋友，我相信吴俊的回答一点都不敷衍。因为这几年梅子的变化的确很大，简直判若两人。记忆中她的脸有点婴儿肥，普普通通的一个小姑娘。后来她发给我的照片让我非常惊讶，照片中那个普通的小姑娘不见了踪影，取而代之的是一个顾盼生姿、气质优雅的女人！

　　男人总喜欢优雅的女人。优雅的梅子最终得到了她心里最初的恋人的爱。

　　一个优雅的女人，无论出现在哪里，都是一道美丽的风景线，吸引的不仅仅是异性的目光。谁不喜欢自己的朋友是优雅的？谁不喜欢结交优雅的女人？

　　要做个优雅的女人，需要从内而外改变。首先是内涵和气质的提升，这需要长期的点滴积累：多读书，多接触艺术，从生活中历练感悟……然后是着装搭配，这不难做到——学习别人，摸索属于自己的风格，多搭几次就会有经验；再次是自然的妆容和环绕的香氛，或者一些可以与着装共鸣的点缀等。

优雅不是成熟女人、漂亮女人才有的专利。上帝如果没有让你天生丽质，那就是在给你的优雅腾出更大的空间；上帝如果没有让你出身贵族，那就是让你为优雅作努力。努力优雅吧！优雅起来的你，曾经那苍白无趣、平常臃肿的生活也会随之彻底改变。

自信是由内而外的
优雅展现

优雅的女人，无不希望自己能够持久地光彩照人，但是岁月在脸上刻画的痕迹，不会随着心中的渴望而消失。女人的美丽容颜或许能够依靠现代高科技的手段恢复，但是终究不是长久之计，唯有从心中散发出那种恒久不变的自信，才能让女人保持永恒的魅力，散发出耀眼的光芒。

对于优雅的女人而言，自信是由内而外的魅力展现，自信是事业成功的基础、生活幸福的前提。优雅的女人因美丽而自信，因自信而美丽，二者相辅相成，互为因果。优雅的女人用美丽和自信为自己创造了一个不一样的绚丽天空。美丽自信的优雅女人是一道独特的风景，不但绽放着灿烂的生命，同时也久久驻留在别人眼中乃至心中，成为挥之不去的美妙景象。

优雅的女人，当你拥有了自信，整个人就会焕发出不一般的光彩，为你的品味加分，让你拥有一种特有的气质，一种摄人心魄的力量。即使做不到拥有最漂亮的外表，也要拥有最能折服人心的内涵，散发出足够迷倒一大片人的无穷魅力。

王欢是一所普通高校的毕业生，家里也没有什么背景。如果只看她的受教育经历，你很难想到她能够成为外企的高级主管。她成功的原因很简单，她敢于梦想，也相信自己的能力，并且一直坚持。

因为教育背景不是名牌大学，王欢的第一份工作并不算理想。为了改变自己的处境，她花去了大半个月的工资报培训班学习外语。

她先后上过不少外语培训班，为此她花费了不少钱。不过，得到的回报是她的英语突飞猛进。能力提高了，她也更加自信了，对自己的未来充满了信心。

于是，王欢决定去外企应聘。凭借出色的外语交流能力，她一路过关斩将，顺利地进入了外企。从此，她有了自己发展的平台，由于能力突出，她很快就被提拔为办公室的主管。

优雅的女人，她潜藏在意识中的精力、智能和勇气都会被自信激发出来。自信的女人常常带着温暖的微笑，散发着坦然的气场，让人渴望接近。

没有谁会欣赏
唠叨不休的女人

西方一位著名哲人说过:"一个男人能否从婚姻中获得幸福,他将要与之结婚的人的脾气和性情,比其他任何事情都更加重要。一个女人即使拥有再多的美德,如果她脾气暴躁又唠叨、挑剔,性格孤僻,那么她所有的美德都等于零。"

周末的清晨,阳光很好,夫妻两人坐在河边垂钓。妻子一会儿抱怨说好不容易休个假却跑来做钓鱼这种无聊的事;一会儿抱怨办公室里新来的同事性情多么冷漠;一会儿又开始说物价上涨得太快。

丈夫始终一声不响,专心致志地钓鱼。不久,有一条鱼上钩了。妻子看到鱼钩上的鱼儿,又感慨起鱼的命运来:"真是可怜,还没来得及享受这顿美餐呢,就要成为别人的盘中之物了。"

这时,丈夫笑着迎合了她一句:"要是它闭上嘴,不就什么事都没有了嘛！"

没有谁会欣赏唠叨不休的女人，也没有谁会喜欢唠叨的女人，话太多了只会显得女人太过浮躁和浅薄。遇到不顺心的事，遇到不可理喻的人，心里知道就好，努力让怨气沉淀，脸上淡然一笑，好过言语上不停地唠叨，摆出一副怨天怨地、咄咄逼人的样子。

女人深知唠叨无益，却总是有意无意地重复着这样的事。她们在潜意识里，把唠叨作为一种情感的表达，一种对他人善意的提醒，一种发自内心的关爱。然而，现实一次又一次残酷地告诉女人：满腹牢骚，不会换来同情与关注，只会让人退避三舍。

恋爱的时候，她只是喜欢撒娇，耍小性子。每每这个时候，他就会说一些好听的话来安慰她，或是送一盒巧克力哄她开心。他的迁就与宽容，并未换来她的温柔懂事，反倒是稍有一点儿不顺心，就会大发雷霆。这样的坏脾气，直到婚后都没有一丝改变。

原本，很多事都是无须生气的，可在她眼里，就是容不下。甜蜜的爱情被抱怨折腾成了怨恨，生活中的小情趣也被唠叨变成了聒噪和烦恼。丈夫在工作和生活上提出一点想法，她就会长吁短叹地感慨，说他不如别人。总之，不管他怎么努力，就是不称她的心。

　　人心都是肉长的，无怨无悔的付出，总要得到一点回应，才有勇气坚持下去。他所有的希望，在她不解的言辞和轻视的神态里，都被冲垮了。他不再像从前那样有耐心，不再对她嘘寒问暖，对她的唠叨指责也无动于衷，只是经常自顾自地盯着手机屏幕。

　　无意间，她发现，他每天玩手机是为了跟一个女聊友说话。他们之间聊得话题似乎很亲密，女聊友发来的消息充满温情。她愤怒至极，想拿着手机去质问他，可片刻之后，她又冷静了下来。现在的他，变得这样冷漠、这样消沉，还要靠虚拟的网络找寻安慰，到底是为什么？这些年来，她只顾着索取着关心与包容，却不知道那份包容与迁就背后，是他深厚的爱。可是自己呢？回报给他的，却是无休止的抱怨和指责。

　　身为女人，纵有美丽的容貌，傲人的身材，可若性格孤僻，脾气暴躁，总是抱怨唠叨，她的美丽势必会大打折扣。要保持优雅成熟的形象，重要的不是挑选高档的化妆品，靠昂贵的衣装首饰来打扮，而是巧妙地管住自己的嘴巴。同样，要想留住家的温馨，丈夫的疼爱，孩子的尊重，也要时刻注意自己的形象，千万别试图用唠叨的方式引起关注，这实在是太过愚蠢的选择。不管在什么时代，女人的温柔体贴、善解人意，都是令人感到舒适的气场。

英国大政治家狄斯瑞利曾经说过:"我一生或许有过不少错误和愚行,可我绝不打算为了爱情而结婚。"他不是随意乱说的,在三十五岁之前,他一直都保持单身的状态。

然而,在三十五岁时,他向一位五十岁的寡妇玛丽安求婚了。当然,他不是为了爱情而娶她,是为了钱。玛丽安知道他的动机,她提出了一个要求,要他等她一年,她想多了解一下他的品性。他答应了。一年之后,他们结婚了。

买卖式的爱情,向来不被人看好。不过,令所有人震惊的是:他们的结合最后竟然成了一桩完美的婚姻,为不少人所羡慕。世人都想知道,究竟是什么东西牢牢地把他们拴在一起。

玛丽安不漂亮,也不聪明,甚至在说话的时候,还经常会犯一些常识性的错误,成为人们讥笑的对象。她的衣装打扮,更是离谱。不过,她在对待婚姻的问题上,却是一位少有的天才——从来不让自己所想到的跟丈夫的意见对峙。

每次,狄斯瑞利跟那些反应敏锐的贵夫人们对答谈话之后,就觉得筋疲力尽。回到家之后,玛丽安会立刻让他安静地休息。她从不会盘问,更不会唠叨,家里始终充满着温馨宁静的氛围。每次狄斯瑞利从众议院回来,都会跟她讲白天看到的、听到的事情,她总是笑着倾听,对他的想法和建议表示赞同。凡是他努力去做的事，她就相信他，支持他。

狄斯瑞利觉得，跟这个比他大十五岁的太太一起生活，是他一生中最愉快的时光。玛丽安成了她的贤内助，她的顾问，她的朋友。有一天，狄斯瑞利对玛丽安说："你知道，当初我和你结婚，只是为了钱吗？"玛丽安笑着说："我知道。可我相信，如果你再次向我求婚，肯定是因为爱。"狄斯瑞利点头承认了。

他们在一起生活了三十年。玛丽安认为，她的财产之所以有价值，是因为能让狄斯瑞利的生活更安逸；狄斯瑞利则认为，玛丽安是她心中的女英雄，还恳请女皇封她为贵族。

不管生活遭遇的是大风还是小浪，女人都该时刻警醒自己，保持淡定。唠叨和抱怨，不能让你更受关注，也不能帮你紧紧抓住别人的关爱和尊重，这样做的结果，只会影响他人的心情，破坏自己的美好形象，毁灭岁月静好的幸福。把唠叨的时间，化作安静的倾听，默默的安慰，也许你会有意外的收获。

不卑不亢
好过盛气凌人

《红楼梦》里的王熙凤，给人的印象是这样的：目不斜视，眼风向上，目空一切，让人闻风丧胆的女子。她风风火火，泼辣霸气，把自己武装了成女强人，放肆的语气中透出了一股盛气凌人的气势。

要说女人有盛气，也算不得一件坏事，至少意味着她的骨子里散发着坚强和独立的气息。只是，当这种盛气以咄咄逼人、骄横傲慢的姿态呈现在人前，它就变成了强硬与刻薄。

凌丽，留美硕士，回国后在一家杂志社做编辑，靠着自身的能力坐到了主编的位置。在她的世界里，一向只有飞扬跋扈，从不知"温和"为何物。她自诩漂亮有才华，对谁都是一副颐指气使的样子。她的苛责，会让刚毕业的年轻女下属眼泪打转；她的傲慢，让男友在众人面前尴尬不已；她的冷漠，让陌生人望而却步。

日子久了，没有谁愿意跟她相处。在公司里，她饱尝了被孤立的滋味，可她从未觉得问题出在自己身上，总想着是别人太自卑、嫉妒她，才会远离她。再后来，盛气凌人的她忍受不了这样的工作环境，主动提出了辞职。

辞职信交了，可心里的怨气没消。那天晚上，无处可发泄的她，把所有的情绪一股脑抛到男友身上。看着她歇斯底里的样子，听着她对自己无休止地贬斥，男友始终保持沉默。等她发泄完了，男友缓缓地说："你是一个优秀的女人，坚强独立，漂亮有才情，我很欣赏你。你说自己的脾气坏，这些年我一直包容你，毕竟人无完人，不能苛求太多。可是，此时此刻，我才发觉，你不是脾气坏，是你把自己的优秀当成了一种骄傲，一种可以凌驾于任何人之上的资本，对同事，对朋友，对我，都是如此。很抱歉，我无法与这样的你继续走下去。"

失去了事业，失去了爱情。一连串的打击，敲醒了她沉睡的梦。她第一次静下心来，回顾自己这些年走过的路，思悟自己过去的一言一行。记忆里，似乎除了一张清高冷傲的面孔，就是一副盛气凌人的姿态。她曾以为，身处浮华的世界，女人有了强悍的气场，犀利的言语，冷傲的目光，就可以震慑住所有人，可现在才知道，过去的夸夸其谈、咄咄逼人，只会让人觉得自己虚弱浅薄。

几年之后，凌丽与前男友不期而遇。当时的她，化着淡妆，穿着柔软的水蓝色棉质布衣，静静地坐在咖啡店的一角，翻看着张爱玲的《小团圆》，面前摆着一杯飘香的咖啡。她的头发恰好到肩膀，顺直乌黑，一边挽到耳后，一边自然垂下，宛若清水芙蓉。

她的脸上，再没有从前的戾气。偶遇故人，她嘴角微微上扬，露出一抹浅笑。此时的他和她，都已有了新的生活。他们坦然对坐，就像一对好久不见的老友。他谈笑风生，她静默而笑，这样的画面，多像他曾经憧憬得那样，只是有些东西，总得经过时间的打磨和岁月的沉淀，才可能演绎出理想中的样子。临别之际，望着眼前的她，他的心里涌起当年的诗人情怀：温和从容，岁月静好。或许，再没有什么语言，比这更贴合眼前的情境了。

身为女人，不管是孤芳自赏的高傲"公主"，还是倚仗容貌骄矜的"女王"，都不如温婉平和的"灰姑娘"更惹人喜爱，那份清雅柔和的气质，就像温润的水，看似平淡，却有着无法抵挡的魅力。深邃的美，不是依靠妆容和衣着打造出来的，而是源自心灵的丰盈；淡定的气质，不是刻意而为的深沉，而是历经了人生的起伏之后修炼出的清澈心性。

女作家杏林子曾说:"昂首阔步、趾高气扬的人比比皆是,然而有资格骄傲却不骄傲的人,才是真正的高贵。"一个温和地对待别人,温和地面对世界的女人,永远比摆出骄横姿态、咄咄逼人的女人,更有魅力和内涵。

外表的温和从容,是内在的修养,是坦然的胸襟,是绝美的气质。她们不会在待人时以钱财多少、学问高低论尊卑,不会在不如自己的人面前摆架子,更不会因为自己拥有某种资本而俯视周围的人。她们更加相信,每个人都是上天安排到人间的天使,每个人的存在都有一定的道理,并不是可有可无的。这样的女人,就算没有绝世的美貌,可那份温婉可人的气场,足以吸引众人向她靠近。和这样的女人在一起,任谁都会有轻松自在的感觉。

有句话说得好:"当你俯视大地时,什么都比你矮,你会自负;当你仰视天空时,什么都比你高,你会自卑。放平自己的心态,将宇宙苍穹尽收眼底,你会找到一个新的世界,新的你。"所以,收起趾高气扬、盛气凌人的姿态吧!放下自以为高不可攀的学历,放下引以为荣的家庭背景,放下自以为是的身份,做一个不卑不亢、温和从容的女人,在浮华的尘世间,绽放清淡雅致的独特美。

如水一般低调，
如水一般清澄

有位女讲师，曾经一度陷入自卑的沼泽中，懊恼自己的身材，痛苦自己的身高，对自己的本科学历耿耿于怀。终于，一次偶然的机会，她找到了可以展示自己绝妙口才的舞台。在台上，在人前，她滔滔不绝，口若悬河，讲述着超脱世俗的感悟，就像在谈论自己的人生观一样自然。那段日子，她给人留下的印象很好，许多人还因她的言论豁然开朗，平和了心态，认为她所讲的和她这个人，是浑然一体的。

现实若真如此，她亦表里如一，那就没什么可说的了。偏偏在声名鹊起之后，她频繁又高调地出席各种访谈，衣服越穿越性感，和讲台上的她简直判若两人。有人直接批判道："你在台上高谈阔论，一副淡然寡欲的样子，可在生活中也没有拒绝欲望的勇气，甚至还在想尽办法利用一切机会展示自己傲人的口才。"

慢慢地，那些最初钟爱她的人，突然也来了一百八十度的大转弯，开始厌烦她那一世疏狂的姿态，认为她太过做作和虚伪。

她的言行举止，似乎正中了那句话："一个女人越是缺少什么，越是炫耀什么。"她所有的高调，所有的夸夸其谈，所有的超脱世俗，不过是在掩饰内心深处的不自信和虚荣心罢了。

《红楼梦》里说，女子是水做的。水是世上最柔美的东西，顺势而为，可方可圆，不执着不刻意，总是那样的随意和自然。可它不怯懦，不软弱，柔弱的表象之下，依然不乏一颗充满力量的心。在真正需要展示自己的时候，不慌不忙、不急不躁，用轻柔的力度一点点地触摸着岩石，在时间和岁月的见证下，绽放出自己特有的坚韧和光华。

做女人当如水，如水一般低调，如水一般清澄。不为赢得他人的关注和认同，哗众取宠，竭尽自我鼓吹和自我炫耀之能事；不为卖弄自己的才干，吹嘘风光得意之事，却不提败走麦城的狼狈；不为满足无用的虚荣，高调地炫耀自己唯一能够拿来说的东西。低调的女人，看似不喧闹，可每当她轻启朱唇的那一刻，你都会被她幽香淡淡的谈吐所折服。这份魅力，就像是清美的桂花，没有婀娜的身姿，没有美丽的炫耀，在众花丛中不过是最渺小最不起眼的一朵小花，却可以把一脉馨香静静地传递到远方。

英格丽·褒曼荣获两届奥斯卡最佳女主角奖后，又因在《东方快车谋杀案》中的精湛演技荣获最佳女配角奖。可在领奖时，她没有喋喋不休地叙述自己的经历，却一再夸赞与她角逐最佳女配角奖项的弗伦汀娜·克蒂斯，认为她才应该是真正值得拥有此奖的人，极力维护了落选对手的面子，并真诚地说道："原谅我，弗伦汀娜，我事先没有打算获奖。"

在获此殊荣的时候，一个女人能够表现得如此低调大气，并在言行上懂得尊重和取悦竞争对手，表现出贴心与真诚，足以见得她有一份难能可贵的修养。没有忘乎所以，没有飘飘然的高傲，只用一份将心比心的柔善，就安抚了对方的心，赢得了旁人的赞叹。

倘若换一种方式，大谈自己的得意之事，沉浸在眼前的美好中，在别人前面前摆出一副不可一世的架子，试图通过张扬来博取更多艳羡的目光和赞美的奉承，她得到的评价就只有浅薄和没见识。

身处浮世繁华中，低调才是女人的智慧。纵然才貌双全，完美无瑕，名利均沾，也不能处处显示自己的优越，而是要学会藏拙，不矫揉造作，不轻狂傲慢，不惺惺作态，不招摇过市，不夸夸其谈。如此，才能在社会的舞台上演绎好每一个角色，才能在人生的旅程中走好每一段路。

曾经，一位很有名望的女画家带着自己8岁的女儿，为一所大学的学生讲授绘画技能。那天，慕名而来的听众很多。太礼堂里，学生们都在安静地听她讲课，除了女画家的声音之外，几乎没有任何杂声。这时，女画家的小女儿却在礼堂里来回走动，脸上还带着一副傲慢的神情，偶尔故意轻轻地哼上几声，发出惹人厌烦的声音。她脸上那洋洋自得的表情，似乎是在告诉大家："你们钦佩追捧的这位画家，是我的妈妈。"

女画家看到女儿的行为，停止了讲课。她的表情很严肃，说道："那个轻狂的小女孩是谁？她扰乱了会场的秩序，请负责场馆秩序的老师把她带出去，免得影响他人。"小女孩愣住了，没想到妈妈会这样说，她哭闹不休，希望妈妈能收回刚刚的话。女画家不为所动，坚持要维持会场秩序的老师将女儿带出去。

小女孩被带出去之后，她对学生们会心一笑，缓缓地说道："不管是什么人，在什么样的场合，有什么样的身份，都不该过于轻狂和张扬。"说完这番话，台下的学生和老师先是沉默，接着响起了热烈的掌声，为她的低调和素养所鼓掌。

一时的华美不是永恒不变的，暂时的得意也不会长久，看淡了人生起起落落的规则，便知没什么值得张扬的事了。为人一世疏狂，不如低看浮世繁华。低调，意味着心胸豁达；意味着淡定坚忍；意味着不露锋芒；意味着内敛沉静；低调，不是唯唯诺诺，软弱自卑，更不是奴颜婢膝，而是一种笑看浮云的豁达。

低调的女人，可以智慧地保护自己，可以圆润地处理人际关系，可以在默默无闻中绽放美丽，在不显山不露水中找到自己的幸福。低调的女人，能用一颗平和的心看待世间的一切，失意时坦然大度，得意时不骄不狂。在繁华的世间，做个低调的女人是一种才情，也是一份清雅脱俗的气质。

懂得自省的女人，
才值得钦佩和欣赏

据说，普罗米修斯创造人的时候，在每个人的脖子上都挂了两只口袋，胸前一只，背后一只。胸前的那只口袋装着别人的缺点，背后的那只装着自己的缺点。所以，人们总是很容易看到别人的缺点，而难以发现自己的不足。

四个和尚一同参加禅宗的"不说话修炼"。在静修的过程中，必须要有一个人负责点灯。四个和尚当中，有三个和尚资历较高，唯有一个小和尚年纪小、资料尚浅，所以点灯的工作自然就落在了他的身上。

修炼开始后，四个和尚围绕着油灯盘膝而坐，无人言语。油灯中的煤油，一点点地变少，眼看就要熄灭了，负责管灯的小和尚非常着急。这时，偏偏又刮来一阵风，灯焰左摇右摆，眼看就要熄灭。管灯的小和尚突然大叫起来："糟了，糟了，油灯要灭了。"

正在闭目打坐的三师兄，听到小师弟的喊叫，本不该说话的他，竟开口训斥道："你喊什么？我们在做'不说话修炼'，怎么能开口讲话呢？"

二师兄听后非常生气，冲着二师弟说："你不也说话了吗？实在太不像话！"

资历最深的大师兄，盘膝静坐，默不出声。过了一会儿，他默默地睁开了眼睛，故作平静地说："看来，只有我没有说话。"

谁都不是完美的，都可能会犯错。不要只把挑剔的目光放在别人身上，看不到自己身上的缺点。真正有修养的人，无论发生了什么不好的事，都不会对他人横加指责，而是第一时间从自身寻找原因，这样才能更加清晰理智地认识自己，同时不断地完善自己、提高自己。就算别人真的有错，也不要太苛刻，喋喋不休地指责；与尖刺的言语相比，宽容大度更容易感化对方。如若受挫后一直怪罪别人，改变不了现实不说，还可能因为心绪失控酿成更大的麻烦。

一位中年女士，早年时期白手起家，辛苦地打拼，后开办了一家服装公司，生意越做越大。可惜，商场如战场，没有永远的常胜将军。一次错误的决策，公司陷入了危机，如此艰难的时刻，一直忠心耿耿跟随她的两个业务副总，竟然提出离职，跳槽到了竞争对手的公司。

内外交困之中,她没有反思到底为何会走到这一步,而是不停地责怪过去的"战友"背叛了自己,沉溺于愤怒和抱怨中,不再信任任何人,脾气也变得很坏,动不动就大发雷霆。结果,闹得公司上下人心涣散,业务上愈加危机不断,公司的经营陷入了更大的困境。

公司的经营上出了问题,身为负责人必然有不可推卸的责任,况且决策的失误也是常有的事。不谈管理,就算是生活,还会偶尔做出错误的选择。若是结果不堪,就把所有的错过归咎于他人,必然会惹来更多的烦恼和麻烦。

只会责怪别人的女人,往往会给自己招致怨恨;唯有懂得自省的女人,才值得钦佩和欣赏。至少在遭遇人生荆棘的时候,她那份淡定的情绪和宽容的胸怀,展现出了一个女人内在的心性与修养。事实上,心性沉稳的女人,运气通常都不会太差,她们的个人魅力与行事作风,往往会换得意外的支持和援助,帮她顺利渡过难关。

公司在外地举办了一次经销商大会,小米和同事负责会议活动的筹划安排。因为时间有限,经验不足,使得会议出现了一些失误。同时,由于市场竞争激烈,导致成交量比上年下滑了三成。小米他们刚一回公司,就遭到上司劈头盖脸的一顿责骂，说他们是王小二过年，一年不如一年。

辛苦了半天，最终落得这样的结果，大家心里都觉得委屈。毕竟，每个人都尽力了，只是市场变幻莫测，谁也没有办法。更何况，谁能保证工作中永远不出现失误呢？再怎样，也不至于被骂得一无是处吧？当然，这些想法他们只能憋在心里，敢怒不敢言。

大家都沉默的时候，小米突然站出来说："这次失误，是我的责任，我太疏忽了，准备不足，出现这样的结局我很抱歉。我愿意，扣除我三个月的奖金作为惩罚。同时，我也向您保证，下个月的展会我们会加倍努力，争取把这次的缺失弥补回来。"听到小米这样说，上司也没再说什么。临走时，他丢下一句话，让小米全权负责下次的展会。

小米自己把黑锅背了下来，让大家免于一次责罚，同事们心里都很感激她。接下来的展会筹备中，根本没用小米怎么安排，大家谁也没偷奸耍滑。最后，就像小米跟上司保证的那样，展会非常成功。

不久之后，小米被提升为主管。原来的同事，都感觉小米是个能扛事的主管，对她也很支持。可以说，她在事业上的成功，一半是靠自己的努力，一半是靠自己的性格。在招聘新员工或是进行培训的时候，她也总在强调一点："不要只抱怨待遇不好，抱怨领导和同事，而不懂得自我反思。"

当一个女人能做到凡事多从自身找原因时，她的心理会更容易得到平衡。很多事情，只要略微改变一下自己的处事方式，就能变得简单，还能让大家都满意。更重要的是，每个人都乐意接触那些愿意承认自己错误的人，而不是明明做错了，却总是反复辩解甚至怒气横生的女人。承认自己存在的问题，少埋怨别人，这是一个有修养的女人该有的态度。

面对利益纷争，
学会淡泊一点

在浮躁忙乱的迷雾中，为了争逐物质和感官享受，女人可能会不知不觉走进尔虞我诈、勾心斗角的怪圈，从此开始了疲惫而忐忑的旅程。这就如同一场游戏，以幸福为筹码，以心思为箭牌，以青春为计时，没有终结点，要么无所畏惧地走下去，要么黯然离场。可不管怎么选，终究都少不了委屈、眼泪和伤痛。

人生中的许多事，看透不如看淡。匆匆数十年，你争我抢，各不相让，未必就能如愿以偿；从容处世，看淡繁华，亦未必没有一片艳阳天。那些活出清闲与自在的女人，举手投足间没有急躁，没有慌张，她们用一颗淡定的心，过好每一个今天；以一份从容的态度，跳出是非纷争之外，静静地做一个旁观者。

行走职场七八年的光景，潇晴见过了太多残酷的争斗，那看似整洁干净的办公室里，暗里实则充斥着太多的戾气和勾心斗角。

早年和她一起进公司的苏珊，给主任做助理，诚恳踏实。谁曾想到，有人早看主任不顺眼，想自己坐上那位置，便从苏珊口里套话，抓到了主任的把柄，告到了公司高层领导那里，还把苏珊给卖了。领导是何等聪明之人，怎可能让一个打小报告、背后放冷箭的人留在公司？结果，三个人统统离开了公司，苏珊满腹委屈，却也无处可诉。

有人与上级争锋，也有人与同级争宠。两个原本私交甚好的女同事，工作能力相当，都很受领导器重。可惜，职场不是校园，没有永远的朋友，只有永远的利益。当出国考察培训的机会摆在眼前时，曾经的"姐妹情"荡然无存，两个女孩开始明争暗斗，就连说话的口气都变了味道。为了私利，她们只顾给对方挑刺，谁都无心工作，最终毁掉了公司的一笔大生意，损失巨大。其中的主要责任人，只得自行离职。至于出国考察培训的机会，两个人都没有份，反倒是落在了潇晴的身上。

领导是何等精明之人，又怎会不知员工私下的表现。相比那些爱炫耀、爱出风头的人，他更欣赏有能力却为人低调的潇晴。她从来都是一副平和的样子，不管面对什么人，什么事始终报以微笑。上司信任她，同事喜欢她，对公司而言，没有谁比她更适合这个培训的机会,也没有人比她更适合做公司的中层。

什么都不争,什么都不气,在浮躁忙乱、争逐利益的世界里,不被他人的尔虞我诈、勾心斗角、搬弄是非所左右,在自己的心里开一扇透气的窗,滋养一颗纯净的心,活出一个清澈的自己,这是一种淡泊和从容,也是一种洒脱和智慧。争来争去,未必有好的结局;跳出了是非纷争之外,落得一份清闲和自在,还可能收获意外的惊喜。

不过,职场的事从来都是复杂的。有时,你想要安安稳稳地做自己,却不料有人刻意排挤你。路澄刚上班的时候,公司里的同事都对她报以冷眼。她出身农村,大学四年的生活没有冲刷掉她朴素的个性。男同事私底下笑她土,女同事更觉得她没品位,彼此间没有共同语言。

被孤立的感觉很窝心,尤其是对一个二十出头的女孩而言。那时,她觉得上班就是一种煎熬,每天出门时都会涌起一股莫名的恐惧,心理压力很大。可她越是烦躁,周围的同事越是排挤她,就连她发传真时不小心手忙脚乱了也会惹来一阵嘲笑。一周五天工作日,唯有周五下午她才能稍微喘口气,因为第二天不用上班,不用再面对这些同事。

这样的日子,持续了一个多月。路澄慢慢发现,自己心里越是忧虑,他们排挤得越是强烈,这种心态让自己变得很自卑,甚至成了一个谁都可以随便捏的"软柿子"。有时，明明不是懦弱的人，却偏偏给人懦弱的感觉，这样的姿态很容易被别人排挤。

想通了之后，路澄开始努力暗示自己"不能慌"，遇到各种事都表现得淡定自若，任你们去说，我只顾做好自己的事。需要表明自己的立场的时候，她不再畏畏缩缩；不需要展露锋芒的时候，她就安静地做个旁观者。

或许，每个女人都有过这样一段成长的岁月。五年之后，路澄再不是当年那个被排挤的女孩了。她自信成熟，做事老练，能游刃有余地处理好人际关系。唯一不变的，是她骨子里的淡定与澄澈，就像她的名字一样——路途再远，心永远澄澈。

人生其实不复杂，复杂的是人心。面对利益纷争，学会淡泊一点，就能避免陷入勾心斗角的疲惫中。也许，你会在不经意间受到他人的排挤、伤害，偶尔还可能在言语上吃点亏，但真的不必太过计较，恨之入骨，以牙还牙。宽容一点，坦坦荡荡做事，温良恭俭做人，把精力放在自己身上，放在值得做的事情上，外界的纷纷扰扰任他去，跳出是非纷争之外，自己的心就不会随着境遇大起大落。

从容是一种修养，一种境界；淡定是一种气质，也是一个女人的睿智。世上没有绝对安宁的生活，阴风浊浪总会不时地来袭,被动地陷入尔虞我诈的争斗中,不如主动地一笑而过,静静地做个旁观者。在别人追名逐利时,坚守自己的一片净土,从容淡定地充实自己、超越自己。那些在人生路上历经苦涩却仍然从容对待,不断澄清自己的女人,总会让人心生敬意。

对不属于自己的感情，要学着优雅地放手

爱情是一把双刃剑，能让人如痴如醉，也能让人歇斯底里。

她无可救药地爱上了一个男人，可这份爱就和隐匿在别墅里的她一样，无法光明正大地告诉世人。她知道，他有妻子，有女儿，自己这一生恐怕都无法取代她们的位置。可她的心不由自主，就像是着了魔一样，痴迷着他这株迷人而又危险的罂粟。

他不常来。每逢他过来时，她总会煮上一壶咖啡，亲手做一些点心。他会细细地品尝，夸她的手艺。她喜欢看他抽烟的样子，那修长的手指夹着香烟，把一个男人的味道表现得淋漓尽致。她还特意为她准备了一个精美的打火机，每次他拿出烟的时候，她总会娴熟地帮他点烟。他含情脉脉地看着她，眼神里全是爱意。

如果时光就这样凝固，她会觉得自己是世上最幸福的女人。

然而，这样的美好就像烟火，瞬间绚烂，而后陷入漆黑与冰冷之中。她最怕听到他的手机响，那意味着他要走了。他习惯到隔壁的房间低声地接听电话，可她还是能听见那触动神经的字眼：回家，吃晚饭，孩子……

接完电话，他会抱歉地亲吻她。她心里有一股抑制不住的无名火，像海啸一样无法阻挡，她哭着推开他，赶他走。不知如何安慰她的他，总是一声叹息，然后匆匆离去。透过窗口，她看着他开车远去，她孤独地坐在房间里，失声痛哭，哭累了就倒下睡，醒了还是一个人。她怨恨命运，为何让他们相遇太迟；她痛苦哭泣，为何不能光明正大地在一起；她愤怒自己，为何不能潇洒地离开；她不甘，青春年华就这样付诸东流……曾经，他爱她的温柔、优雅、懂事，可他不知道，爱会把一个女人变得狭隘、自私、不可理喻。

可是，下一次他过来的时候，她依然又跟从前一样。喜与悲，就这样交替上演。那些复杂的坏情绪，只能在分开的日子里，自己慢慢消解。

她生日那天，他答应留下，可那恼人的电话又响了。她听出，是他女儿病了。他急匆匆地走了，来不及跟她解释。她哭了，把桌子上的饭菜和蛋糕，统统扫到了地上。发泄过后，她渐渐恢复了理智。

他再来的时候，房间依旧干净美丽，可她却带着行李离开了。桌子上有一个盒子，他打开后发现，竟都是他抽剩下的半支烟。盒子里还有一张字条，上面是她娟秀的字迹：我走了，只带走了我的衣服，这里的一切都留给你，因为它们不属于我。

　　她醒悟了。一段不属于自己的感情，一个无法陪伴在身边的人，再纠缠下去只会让彼此更加矛盾。她有过愤怒，有过不甘，有过计较，有过埋怨，不想这些年的情爱与青春，就这样付之东流，草草结束。可现在，她都看开了。

　　无论曾经如何，至少此刻这个女人的抉择，算得上是理智与聪明。继续纠缠下去，不甘与愤怒只会越烧越旺，伤了她，也伤了别人。与其到那时，让对方觉得她不可理喻，倒不如趁着彼此还有美好回忆的时候，转身离去。

　　草长莺飞、百花争艳的季节，从不属于梅花，在优雅地放手之后，它赢得了傲雪凌霜的美名；争名逐利的官场，从不属于隐者，在从容地放手之后，他换回了平静淡泊的生活。人生的路很长，沿途要经历许多风景，其中不乏让你怦然心动、流连忘返的景致。然而，不是所有你喜欢的风景都能属于你，就像林夕写的那样，"谁能凭爱意将富士山私有"，有些风景只能是路过，只能是欣赏，然后继续走自己的路。不要固执地不肯放手，也不必生气别人得到了它，真正属于你的，也许就在前面的路上。

　　一个女孩为了陪伴在喜欢的男孩身边，乞求上帝把她变作一棵树，伫立在男孩的家门口。这样，她就能每天看见他了。上帝被女孩的执着打动了，便如她所愿。于是，女孩变成了一棵树。一年，两年，三年……男孩似乎从未注意到她的存在。每逢秋天，女孩的眼泪都会随着枯黄的叶子一同落下，她多么希望男孩能拥抱一下自己。可是，她等来的是一次又一次的失望。

　　她不甘心，又恳求上帝把自己变成一块石头，可以让男孩歇歇脚。于是，女孩又变成了男孩家门口的一块石头。男孩和过去一样，依然没有注意过她的存在。历经严寒酷暑，雨雪风霜，女孩压抑不住内心的痛苦，她又气又恨，最终因忧郁而崩溃了。

　　此刻，一个珠宝商人看到了女孩的心，那是一颗名贵的蓝水晶。后来，这颗心被加工成了一枚名贵的戒指，而它的主人，却是男孩的未婚妻。女孩愤怒不已，伤心欲绝，她不知道自己究竟做错了什么，为什么上天要这样地捉弄她，这些年的等待竟换来一场空。

　　上帝出现了，他问女孩，有没有觉得自己很傻呢？女孩哭了，她觉得自己真的很傻。这时，上帝又告诉她："有个男孩，为你守候了更久……"

生活中，有些东西不需要坚持，而是需要放下。放下一个不属于自己的爱人，放下一段没有结果的感情，放下一份不切实际的梦想，放下一些求而不得的物品，让自己从沮丧和郁闷中解脱出来，才能找寻到真正属于自己的幸福。要知道，优雅地放手，永远好过无谓地强求。

五种体姿礼仪，
为优雅赋能

人的姿势无时无刻不存在于自身的动静之间，给周围的人留下印象。一个姿势优雅的女人留给别人的是，有教养、懂礼仪等的良好印象，她看起来大方得体、彬彬有礼，每个人都愿意接近她，与她友好相处，成为朋友。而一个姿势笨拙的女人留给别人的是，缺乏教养、肤浅、没有品位等的恶劣印象，她看上去举止随便、邋里邋遢、不懂礼貌，很少有人愿意靠近她，更不愿意与其成为朋友。对女人来说拥有优雅的姿势非常重要，也是我们必须掌握的最基本的体姿礼仪。

一、站姿。

优雅女人的正确站姿：双膝并拢，收腹提臀，抬头挺胸直腰，双肩稍向后放平，双臂自然下垂置于身体两侧，或两手相搭放在小腹上；从身体侧面观察，脊椎骨呈自然垂直状态，身体重心落在后腿上。这就是正确的站姿,站着既挺拔,又大方,显得镇定冷静、泰然自若。

二、坐姿。

优雅女人的正确坐姿:从椅子的左边轻轻入座,上身挺直,与桌、椅均应保持一拳左右的距离;双膝并拢,切不可两腿分开,当两腿交叠而坐时,悬空的脚尖应向下,切忌脚尖向上并上下抖动;双手应掌心向下相叠或两手相握,轻轻放在身体的一边或膝盖之上。端坐的时间长了,会使人有疲劳感,这时可侧坐。另外还有一种非常娴雅的坐姿,就是双腿并拢斜放一侧,双脚可稍有前后之差,这样从正面看来,还有延长腿的长度的效果。

三、行姿。

优雅女人的正确行姿:抬头,挺胸,收紧腹部,肩膀往后垂,手要轻轻地放在身体两侧,轻轻地摆动,步伐要轻盈,不可拖泥带水。行走的路线尽可能保持平直,步幅适中,两步的间距以自己的一只脚长度为宜。如果你的走姿是正确的,那么你的身体线条看上去会漂亮得多,你走起路来也很轻松,而且充满自信。

四、蹲姿。

优雅女人的正确蹲姿:当你不得不蹲下来捡些东西的时候,不要只弯腰,臀部向后撅起,这非常不雅,也不礼貌,长期如此，对你的腰也不好。正确的方法是：双膝弯曲并拢，臀部向下，上身保持直线。这样的蹲姿就优雅得体多了。

五、手势。

优雅的女人与他人交往时，使用手势有助于情感传递，但手势不宜过于单调和重复，也不能做得过多过频，否则会有咄咄逼人的感觉。手势运用最忌不规范，例如手臂僵直、动作不协调、手势不明确、寓意含糊等。手势运用还要注意面部表情和身体各部分的协调一致。如果手势运用不当，会给来宾留下漫不经心、素质不高的印象。

优雅的女人在给客人指路时，首先，应轻声地对客人说声"您好"；然后，可采用直臂式手势，即将左手或右手提至齐胸高度，五指伸直并拢，掌心向上，以肘部为轴，朝欲指示的方向伸出前臂。在指示方向时，身体要侧向来宾，目光要兼顾来宾和所指方向，直到来宾看清楚了，再放下手臂，并说"您走好"等礼貌用语。

优雅的女人站在门口迎接客人时，可采用横摆式手势，即五指伸直并拢，掌心斜向上，腕关节伸直，手与前臂呈直线；手从腹前抬起向右摆动至身体右前方，以肘关节为轴，肘关节既不要成90度，也不要完全伸直，弯曲140度左右为宜；手掌与地面基本保持45度，然后向身体的右前方摆动，注意不要将手臂摆至体侧或身后。同时，脚站成右丁字步，左手下垂，目视客人，面带微笑。

当客人将要走近时，优雅的女人应该向前走上一小步，与客人保持适当距离，注意不要站在客人的正前方，以免阻挡客人的视线和行进方向。然后，向客人施礼、问候，最后向后撤步，先撤左脚再撤右脚，站成右丁字形。

当引领客人至房间门或电梯轿厢门前，优雅的女人可采用曲臂式手势，即五指伸直并拢，从身体的侧前方，由下向上抬起，上臂抬至离开身体且成45度的高度，然后以肘关节为轴，手臂由体侧向体前左摆动成曲臂状，待客人进去后，自己随后离去或进去将门关好。

优雅的女人在接待客人并请其入座时，可采用"斜式"手势，即左手或右手曲臂由前抬起，以肘关节为轴，由上向下摆动，使手臂成一向下的斜线，指向椅子，表示请客人入座。如遇重要客人，还应用双手扶椅背将椅子拉出，放到合适的位置，请客人入座。

第五章

温柔在心，
输什么
也别输了心情

高品质的幸福生活来源于你的好情绪

高品质的幸福生活人人都想要，一些有追求的青年朋友认为"有钱就是成功，就有高品质的生活"，他们拼命赚钱，过度消费，但消费带来的快感转瞬即逝，欲望仍那么多，钱再多也不够花，日子始终不好过，周而复始的郁闷、烦躁堆积起一肚子抱怨。

一些待字闺中的女孩，也在"嫁个有钱人"和"嫁个老实人"之间游移不定。其实有钱或没钱并不是幸福生活的第一要素，尤其对于处在婚姻中的女性而言，被爱、被包容、被理解的幸福感才是心情舒畅的先决条件，而心情舒畅又是女人拥有好气色、好皮肤、好身体的根本，所以说，融洽的夫妻关系才是每个女人都想要的、真正的"不老灵泉"和"驻颜仙丹"。

年轻貌美的蜜雪今年25岁，在父母不停催促下决定年内结婚，有三个追求者出现在她的备选名单上。

　　A男是典型的"高帅富"，一根独苗，从小被家人宠到大，他爱蜜雪的美貌，从不回避自己"以貌取人"的想法。对蜜雪来说，A男经济条件是好，就是心眼有点儿小，脾气有点儿大，想问题做事情都比较幼稚、自我，经常因为小事就会跟她翻脸，折腾够了又会送花、买昂贵的礼物哄她。昂贵的礼物谁都喜欢，可是动不动就吵架拌嘴惹一肚子气，让蜜雪吃不消，隔三岔五地聚会应酬，也让她压力很大，生怕自己举止不够"高端"被他的朋友笑话。

　　B男是个年轻有为的大学讲师，正在竞聘副教授，气质儒雅，有思想，也有追求，他自然也爱蜜雪高挑身材、芙蓉笑靥，但更爱她俏皮可爱的活泼性格。蜜雪心里崇拜这位教书先生，可是他实在太闷，性子不温不火，总木着一张脸，高兴不高兴也看不出来，俩人闹别扭时他总是态度冷冷的，不会哄人更不会道歉，讲起大道理倒是一套一套的，也不管蜜雪听不听得明白，这让她十分郁闷。

　　C男跟蜜雪是同事，他俩都是美食杂志的编辑，蜜雪了解这个看上去人畜无害、笑容灿烂的男人一个月赚不了太多钱，财力跟"高帅富"没法比，学识跟副教授也不在一个水平上，但她心理的天平却总是不知不觉偏向这个小C。究其原因，再简单不过，每当跟C男相处时，她总是感觉很轻松、愉悦。他有很多业余爱好，有说不完的笑话，讲不完的新鲜事；他的朋友很多，而且都不是用来"应酬"的酒肉朋友。她也参与他们的活动，听他们聊人生、谈理想，说说笑笑，平实温暖。他敬老爱幼，性格厚道，不怕吃亏，就算与人发生摩擦也不会诉诸暴力，反而总说"得饶人处且饶人"。他说自己也说不清喜欢蜜雪哪一点，喜欢就是喜欢，有矛盾分歧的时候，他不赌气也不吼人，该说的想法说清楚，然后琢磨出各种小花样把蜜雪逗笑，俩人不红脸，也不记仇。

左右衡量，思考再三，蜜雪最终决定婉拒A男和B男，为那位普普通通的同事小C披上嫁衣。婚礼前一晚，姐妹们打趣地问她，为啥不做阔太太，也不做教授夫人，放着大美女的资本不好好利用，嫁了这么个没权没势的普通人。蜜雪则得意地说："谁说我老公是普通人？他呀，可是万里挑一的好男人，居家、旅行、结婚首选。"姐妹们不服，问她凭什么这么说，蜜雪认真起来，说道："我不想婚后总是吵架生气、心情郁闷，没几年就变成黄脸婆，不想守着空房子，一个人抱着一堆衣服、鞋子、名牌包熬过漫漫长夜，也不想跟丈夫不能好好交流，慢慢形同陌路。好男人有的是，但不一定适合我，现在我找到了一个能让我快乐的人，跟他在一起每天都有幸福感，世界也变得更精彩、更美好了，这样快乐的生活才是我想要的啊。"

高品质的生活说得直观一点，也就是感觉幸福，人们追求的幸福生活是不是真的那么难得到，怎么才能幸福？其实要回答这个疑问非常简单，让我们来梳理一下高品质生活形成的诸多要素就知道了——内部要素：出身、智力、体况、外貌、心态；外部要素：财富、事业、亲友、爱情、健康、声誉、时运。

具备上面这些要素就一定会让人有幸福感吗？未必。那么，幸福感从何而来？

财富、事业、亲友、爱情、健康、声誉、时运，样样都重要，样样的好坏都取决于人的心境，论财富，人心不足蛇吞象，再多的钱还是不够挥霍；论事业，王侯将相打天下叫事业，养花种草品尝硕果难道就不是？和平年代，守着自己的一亩三分地小有所成，内心满足而平和，一样是事业上的丰收。

亲友、伴侣，不用名震天下，也不用倾国倾城，此生有缘，一杯淡茶、一盏薄酒，彼此信赖和欣赏，有秉烛谈笑的自在，有举案齐眉的深情，说是至福亦不为过。

生气是拿别人的错误来惩罚自己

生气是一种与生俱来的生物本能，是人们在遇到不开心的事情时的一种下意识的反应。生气就像一种慢性毒药，虽然不会一下子引发身体的不适，但它会一点点地、慢慢地啃噬女人的美丽和健康。

尽管女人知道生气于自己无益，但很多时候她们都难以控制自己的情绪。有时候女人往往因为一些没来由的念头自己跟自己生气，一件芝麻大的小事也有可能大发脾气。比如，因为男友无心的一句话，他人的迟到，家人遗忘自己的生日等。女人生气的理由各种各样，生气时，上演的版本也会不尽相同。

晓梅是个小肚鸡肠的人，总爱自己生闷气。恋爱的时候，她每次碰到男友约会迟到、遗忘她的生日、两人恋爱的纪念日的情况，都会闷闷不乐，还会暗自在心里生闷气，有时候还会当着男友的面拂袖而去。不管男友怎么向其道歉都无用，非要过上一两天，等她自己的气慢慢地消了才会搭理男友。恋爱的那会儿，男友因为太爱她，总是依着她、宠着她，也受尽了她的坏脾气的折磨。

后来，他们结婚了。结婚后，晓梅的坏脾气还是没有改变。每次她看见丈夫在家里把她收拾整齐的东西弄乱了，就会连嚷带骂地指责丈夫；也会因为丈夫太忙而忘了自己吩咐的事情，在家大发雷霆；面对不听话的孩子也是大声斥责，有时候甚至气得睡不着。工作中干不完的活、同事间的矛盾、领导的批评……各种生气的缘由如洪水一样向她袭来，这样的日子，很快就过去了几年。

三十几岁的她，有一天看着镜中的自己，恍惚了一会儿。原来镜中的自己是那么的憔悴，皮肤不再那么白皙，富有光泽，取而代之的是许多色斑和各种皱纹，年轻时的曼妙身材已经开始呈现了水桶腰、大肚腩、大象腿……连晓梅自己都看不下去了，自己怎么这么快就成这样了？又老又丑。

反观自己的表妹，已经是一家私营公司的老板，看起来依旧是那么年轻漂亮，皮肤还白里透红，细嫩富有光泽，时光似乎没有带走表妹的美丽，反而成就了她的美丽，为她的美丽镀上一层有韵味的成熟美。而自己就比表妹大几个月，反而变成一个未老先衰的老太婆。于是晓梅忍不住问表妹怎么保养，表妹简单地笑了一下说道："其实没有什么特别的秘诀，只不过平常保持开心就好，笑一笑，十年少，好心情是女人最好的营养品。保持好心情少生气，女人自然会美丽，表姐以后也放宽点心吧。"

女人都是比较感性的，容易生气也是常事，生活中不可能事事顺遂心意，生气也是在所难免的。但女人要记住那句话：生气是拿别人的过错来惩罚自己。你生气，你愤怒，最终伤害的还是自己。幸福的女人懂得在事情发生时，让自己冷静下来，不会为了点小事，就耿耿于怀，甚至大动肝火。

愤怒就如一头发狂的猛兽，会给周围的亲人与朋友带来伤害，同时人在愤怒的时候，容易做出错误的决定，给自己带来损失。人在"愤怒"这只怪兽的钳制下，往往顾及不到别人的尊严，因此，很容易伤害到他人的面子与感情。生活中的很多事情都不能随着人的心意发展，生气愤怒是在所难免的，但是女人要记住那句话：生气是拿别人的错误来惩罚自己。你愤怒了，最终受伤害的还是你自己。不如当事情发生时，学会先让自己冷静下来。切忌为了一点小事耿耿于怀，甚至大动肝火，千万不要以为生点气没什么大不了的，时间长了，生气就会让女人变"丑"。

曾经有个男孩，脾气特别差，在家经常无缘无故地发脾气。于是母亲想了个办法。那天，母亲将男孩叫过来，给了他一包钉子。并对他说："如果以后你想发脾气的时候，就用铁锤在前院的栅栏上钉上一颗钉子。"

男孩第一次发脾气的时候，在栅栏上钉了15颗钉子。后来男孩学会了控制自己的愤怒，每天钉在栅栏上的钉子数目在逐渐减少。他发现控制自己的脾气要比往栅栏上钉钉子容易得多……终于有一天，男孩没有在栅栏上再钉钉子。

母亲又对他说："如果你能坚持一整天不发脾气，就从栅栏上拔下一颗钉子。"经过一段时间后，男孩终于把栅栏上的钉子全部拔了下来。

母亲拉着他的手走到栅栏边，对男孩说："儿子，你做得很好。但是你仔细地看一看那些钉子在栅栏上留下的小孔，只要这个栅栏在，那么这些小孔永远也不会消失。同样的，你向他人发脾气，你的言语就如这些钉孔一样，会在人们的心中留下疤痕。你这样做就好比拿着刀子刺向一个人的身体，然后再拔出来。无论你说多少个'对不起'都无法弥补那些已经存在的伤口。"男孩终于明白了母亲的用意。

你是否在男孩的身上看到了自己的影子呢？很多女人可能平时就这样，殊不知自己在盛怒之下，说出口的话，就好比一把把锋利的剑，刺得人体无完肤。有时候言语的伤害甚至大于肉体伤害。

　　当你准备发怒的时候，先想想后果。如果知道此时的发怒对自己而言，百弊而无一利，那么请不要逞一时之快，最好约束自己，浇灭心头的怒火。约束愤怒并不等于压迫愤怒，而是把愤怒引导为一种行为，用到发展自己的事业上来。这样才是两全之法。

身在谷底，
也要仰望星空

毕淑敏曾经说过："命运中的不速之客永远比有速之客来的多。所以怨天尤人没有用，尽快把客人平安地送走，才是高明的主人。"这句话恰当地道出了人生不是一帆风顺的。其实我们也明白人生总是有风有浪，不可能日日好，年年好。但我们却容易忘记在遭遇挫折的时候，应该将其视为必然，冷静地分析它，然后解决它。尽管人无法改变生命的长度，但可以扩展生命的宽度与增加其厚度。

生活中，人难免会遇到赏罚不公之事，会遇到激烈的竞争，就业的压力，偶尔还要与病魔相抗争……但不要被这些吓到，我们可以凭借自己的坚强，将悲伤化为力量，将困难跨过去，为生命增添色彩。

陈琳是一家知名化妆品企业的总裁，很多人常夸她"年轻富有""事业有成"。但很少人知道她华丽的背后，其实一直都是靠坚强、靠"化悲伤为力量"的智慧在支撑着她。

高中毕业那年，陈琳被一所普通的院校录取，因为学校不理想，她选择了复读，天道酬勤，最终考入了一所著名的高等学府。陈琳在大学里非常努力，也非常活跃，只是为了实现自己的外交官梦想。可是，天有不测风云。就在陈琳上大三的时候，她被告知学籍被注销了，原因是因为她三年前未去那所普通院校报到，违反了当时的规定。这就意味着她整个的人生之路被改写了，面对这样的现实，陈琳哭得很伤心。经过一个晚上的思考，陈琳表现得非常平静，她也没有抱怨命运不公，也没有消沉，最后还是坚持修完了全部课程。

毕业之后，陈琳去了一家外贸公司工作了三年，然后辞职创办了自己的化妆品公司。她时常告诉自己："成功是分阶段的，人生始终都是变化的，高峰与低谷都会经历，关键是自己如何评价自己。"正是凭借这一份坚持与自信，陈琳能将一路上遇到的困难与挫折化解，咬着牙走到今天。真是功夫不负有心人，多年以后，她终于从一个青涩的姑娘蜕变成一名成功的女企业家。

不少女人在生活中遭遇到挫折时，总会不停地埋怨："为什么是我？上天对我太不公平了。"但女人不明白，即便你哭瞎了眼睛，事情也不会有丝毫地改变。与其这样，还不如选择坚强地面对。如果陈琳在得知自己被注销学籍时，选择每天以泪洗面，终日消沉，那么我们就看不到一个成功的女企业家，只能看到一个可怜的失败者。

苦难任何时候都只是成功者的营养。谁见过成功的女人面对苦难时自怨自艾呢？她们只会将苦难当做历练的基石，在苦难中体悟人生，并获得进步的动力。因此，你不会在这样的女人身上看到任何的悲伤情绪。

"菩提本无树，明镜亦非台。本来无一物，何处惹尘埃。"这句熟悉的佛家偈语时刻在告诉我们人生的烦恼往往是自己给自己编织的，心无旁骛反而能活得快乐。女人想要快乐，别把悲伤带上路，学会将悲伤化为力量，从压力与困难中汲取营养。

爱嫉妒的女人，
毁掉的是一颗美好的心灵

林语堂先生说过："自己萎弱，恶人健全；自己恶动，忌人活泼；自己饮水，嫉人喝茶；自己呻吟，恨人笑声，都是心地欠宽大所致。"

简短的一番话，却将一份狭隘自私的心思描述得淋漓尽致。满心嫉妒的女人，对别人惨败的兴奋往往胜过对自己成功的喜悦，对别人优胜的忿怒每每强似对自己失败的难过，她高傲地以为，唯有自己才能成为焦点，自己得不到的，也不愿意别人得到；自己感到痛苦时，也不愿见别人快乐。当强烈的嫉妒变成了嫉愤时，甚至还会丧失理智，把嫉妒的对象作为发泄目标，做出一些卑劣的事。这样的女人，何谈才情？

曾经，某所大学的论坛上，一个"冒名事件"的帖子吸引了上万学生的讨论，甚至还有学生联名发表公开信，要求严惩帖子里提到的那个女生。究竟她做了什么，会引发这样一场巨大的校园风波？

一位学生在帖子里写出了事情的经过："今年，S和同班同学一起申请美国学校。同班同学王茜收到了美国明尼苏达大学教授来发的邮件，邀请她入读并提供全额奖学金。S得知这件事后，以王茜的名义给该教授回复了一封邮件，拒绝了对方的邀请，同时推荐了自己。"

学校领导得知这件事后，立刻进行调查。在调查过程中，S承认了，她私自隐藏和私自拆开国外大学寄给王茜的信函，同时以王茜的名义注册了电子邮箱，并回发了一封拒绝入读的邮件。不仅如此，S还偷过其他同学的申请信，受害者起码有三个人，全是她的同班同学。情况调查清楚后，S只得暂时离开学校，等待处理意见。

后来，S在校园网上发了一封致歉信："我就是这次事情的当事人，对于我的行为以及造成的后果，我愿意承担一切后果，接受学校的处分，希望大家能够原谅我，给我一个机会。"这封信的落款，不是S，而是"一个努力改过的人"。

事情过去很久之后，在问及这件事的缘由时，S沉默了许久，才缓缓地说："可能是因为嫉妒吧！我也希望能够去美国读书，可一直都没有得到回复，我觉得自己的条件和她们差不多……我没有拿到,也不希望她们拿到。"S哭了,后悔让嫉妒冲昏头脑,伤了别人,毁了自己。

嫉妒成性的女人,眼里容不得别人,内心也是纠结的。有人说,一个嫉妒的女人要忍受四重痛苦:因受人冷落而痛苦,因咄咄逼人而痛苦,因疯狂而痛苦,因平庸而痛苦。在妒火中燃烧,烧毁的是自己的心理和情绪,自己的形象,自己的人际。一个容不下他人的女人,别人也不会容她。

一位先生平日里经常跟妻子吵架。争吵的原因,不是两个人之间感情不和,而只是因为丈夫跟其他女性通电话,或是没有及时回家。每次吵架时,妻子总会丧失理智,说丈夫不爱她。虽然丈夫会耐心解释,说明事情的原委,可妻子依然不依不饶,胡乱猜测。

时间长了,这位先生周围的女性朋友和同事都知道了这件事,一方面替自己委屈,一方面也同情他,有意无意地指责他的妻子不像话。也许是负面的言论听得多了,这位先生渐渐地也对妻子失去了好感,认为她小题大做、无理取闹、嫉妒心强,回到家里不再愿意跟妻子交流,两个人的关系越来越糟糕。

这位先生的女性朋友和同事,为何纷纷在背后"诋毁"他的妻子?不是她们内心恶毒,而是一种本能的"回击"。这位先生的妻子,心胸狭隘,根本容不下其他女性,那些无端的猜忌和指责，让人感觉不可理喻。既然她如此不讲情理，她们自然也不太想容她，甚至还可能故意惹她生气。这就是"你不容我，我不容你"。换做是你，对于嫉妒你、背后无端指责你的人，就算可以一笑置之，心里也不会产生好感。

培根曾说："嫉妒这恶魔总在暗暗地、悄悄地毁掉人间的好东西。"爱嫉妒的女人，毁掉的是一颗美好的心灵，一份宽容的气质，一份动人的情怀。如果你不想成为一个四处树敌、被人笑做狭隘小气的女人，那就趁早放下嫉妒吧！

你嫉妒别人，并为此生气，只是因为觉得别人比自己好，或是担心对方在某些方面超越自己、取代自己，说到底，这无非是内心不够自信罢了。如果心中没有任何的自卑感，不管在任何人面前，都会是一副云淡风轻的样子，绝不会因为看到别人得到什么、拥有什么而恼怒和不甘，更不会用伤害他人的方式来找寻心理平衡。

笛卡尔说过："对心胸卑鄙的人来说，他是嫉妒的奴隶；对有学问、有气质的人而言，嫉妒却化为竞争心。"要成为一个有修养有气质的女人，就该彻底明白，贬低别人永远不会让自己变得高尚。相比之下，努力提升自己、欣赏自己，才能彻底切断嫉妒的源头。

抱着焦虑的情绪不放，只会把快乐丢失

焦虑，是现代人的通病。女人为了嫁个好老公费尽心思；为了买房子而伤神；为了挣钱而奔波；为了孩子拼命……越来越多的压力向女人袭来，使得女人对现实社会充满不满，对未来充满恐惧。更可怕的是，这种焦虑的状态正在侵蚀着我们的身心健康。其实，这些压力有些是客观的，有些却是我们自己给自己施加的。

并非所有的压力都是有益于我们学习、生活以及事业的。凡事讲求中庸，过度的压力不仅不会令人身心健康，而且还会对学习、生活、事业产生极坏的影响。因此我们要学会控制自己的情绪，避免因过度的压力而影响自己的生活，失去自己该有的快乐。其实人生的93%的烦恼都不是必需的，很多的烦恼都是自己强加给自己的。

当你陷入了焦虑,或者因为一些烦心的事情无法开心起来,如果不想办法消除焦虑,只会加重自己的心理负担。不妨找你的亲人、爱人或者朋友倾诉,或者请求他们的帮助,听听他们的意见,看看问题的症结在哪里?然后找出解决的方法,让人生豁然开朗。

彩丽从小就性格内向,平时不太爱说话,因此在公司里很难合群,朋友也是极少,一直没有男朋友。毕业后的三年里,彩丽一直不停地找工作、换工作,每次换工作都是因为人际相处问题,因为彩丽的不合群,一般老板都认为她缺乏团队合作精神,所以试用期一结束她就会被解雇。

这三年的经历造成了彩丽严重缺乏自信。因为她的性格内向,给人感觉一副爱答不理的样子,同事们也因此觉得跟她在一起比较压抑沉闷,所以极少跟她讲话。此外,彩丽除了对电脑感兴趣之外,其他的事情都提不起兴趣来,以致情绪低落,忧心如焚,饭也吃不下去,渐渐地宅在家里,门也懒得出了。生存的压力令她喘不过气来,慢慢地她患上了焦虑症。

看着彩丽的情况,父母也是忧在心里,急得到处问人怎么拯救自己的女儿。后来别人说给彩丽介绍个男朋友吧。家里人于是张罗了这件事,抱着尝试的态度,先给他们介绍,没想到两人在经过几次见面后,成了真正的恋人。后来男友经常带着彩丽去参加社会活动。她的性格也跟着变得开朗了，最后在男友的开导下，她主动将自己的烦恼说给了男友听。男友非常诚恳地告诉她："你其实没有任何问题，你的人品和能力都很优秀，就是不爱和别人交流，找不到工作也没有关系，我养你，一切都会好起来的。"

随着男友的一些刻意安排，彩丽逐步尝试和人主动打招呼。过了一年，彩丽的情绪已经彻底好转了。人看起来也有精神了，脸上还带着幸福的笑容，越来越爱出门了，并且成为了一家公司的财务总监。

彩丽在男友的引导下说出了心里的烦恼，最终摆脱了焦虑的情绪。其实遇见难题时，只要及时说出来，听听他人的意见，就能放松自己，减轻压力，焦虑的情绪自然会远离你。哈里伯顿说过："怀着忧愁上床，就是背负着包袱睡觉。"再难的问题也有解决的方法，况且世间的每个人都有喜怒哀乐，再幸福的人也有烦恼，再不幸的人也有快乐，抱着焦虑的情绪不放，只会把快乐弄丢。

在得失之间做到泰然自若

生活态度积极的女人内心必定充满活力。即使突然下起了暴雨,她也认为是上天赐予的甘霖,再大的困难她也不以为意,因为事情再麻烦,她也会笑着说:"没有关系,只是一件小事。"面对挫折,她懂得感恩;面对得失,她看得开,将对人生的不满化成一股前进的力量,这样的人更容易获得快乐与幸福。

世上很多事情的确是难以预料的。得也好,失也罢,总是相生相伴的。然而女人拥有敏感的神经,天生感性,她们的思绪容易被一些小事而牵绊,容易为一件事情的好坏而高兴或伤感。事实上,如果女人能看开这些事情,随性而为,就能够在得失之间做到泰然自若。

"失之桑榆,收之东隅"说的就是有失必有得,女人要认清了这一点,就不至于为失去而追悔莫及,就能生活得安心、幸福。

梦娴是一位空姐,在一次飞行中,偶然遇见了事业有成的王小波,两人一见钟情,谈了半年的恋爱,迅速地步入了婚姻的殿堂。新娘是漂亮的空姐,新郎是名利双收的年轻企业家,典型的高富帅,这样的组合实在完美。婚礼上,不知多少男人羡慕他娶了一位温柔而漂亮的妻子,不知道多少女人羡慕她嫁给了一位钻石男。面对朋友们酸溜溜的调侃,她表现得很平静,因为她知道婚姻不是烟花,只为一时的绚烂。

婚后的梦娴,无论工作有多繁忙,只要一有空闲时间,她还是坚持做一个合格的妻子。她为他煲汤,为他放好洗澡水,帮他洗衣服,打理文件,做好一切她该做的事情。结婚一周年的纪念日,他送了她一辆豪华跑车。面对这份厚礼,她的同事与朋友纷纷投来羡慕的目光,表现得很兴奋,而她几乎高兴不起来。因为她知道他不再是以前的他了。因为工作原因,她不能经常陪在他的身边,而他对她的新鲜感也丧失了。

在结婚一年零三个月的那天,她提出了离婚。这段曾经轰轰烈烈、浪漫纯粹的爱情就这样结束了。同事们也开始在她背后窃窃私语,说她活该,她装作听不见;曾经对自己投来羡慕目光的姐妹们也开始怪她太鲁莽,不该轻信那个男人。

面对各种流言蜚语和无情的打击,梦娴依然坚强淡定。她觉得自己没有错,因为他们彼此爱过。只要他曾经给过自己一颗最真的心，那就够了。

是的，生活中许多东西都是可遇不可求的。就像梦娴邂逅的那段美好的爱情一样，没有人能保证她的爱情与婚姻能够一路走下去。当生活出现意外，甚至要失去某种东西的时候，曾经的荣耀和美好顿时变成了失意与落寞。女人也不必过于悲伤，因为人生能够拥有过某种体验也是值得的。得之我幸，不得我命，如此而已。

人生在世，需要一种放弃的智慧。得、失都一样，有得就有失。塞翁失马，你怎晓得是福还是祸呢？得失之间，还是看开一些更好，让活在当下的我们减少不必要的焦虑与烦恼。

悲伤是女人幸福的
"无形杀手"

悲伤是种情绪反应。悲伤作为一种负面情绪，通常指是由分离、丧失和失败引起的情绪反应，包含沮丧、失望、气馁、意志消沉、孤独和孤立等情绪体验。人的心灵一旦进入了悲伤的天地，整个人都会死气沉沉。因此，女人要学会在不幸降临时，释放这种悲伤的感觉。

女人长时间沉浸在痛苦中会让自己身心俱疲。据心理学分析人在遇到特别悲伤的事情以后，可能会从此改变，迷失了自己，毁掉了健康。比如说，突然失去了最心爱的人，可能会令人觉得未来没有希望，很多美好的梦随之破灭，生活也变得没有任何意义了。强烈的悲伤会给人带来毁灭性的后果。尽管悲伤的情绪很常见，但女人要学会控制悲伤，以免给自己带来长久的负面影响。

不少女人在被悲伤情绪包围时，往往会激起否认现实的心理反应。这种行为，也反映了女人内心深处的一种逃避思想。其实悲伤的事情发生后，女人反而要学会承认并接受它，思考应对的良策，这样做会比整天沉浸在悲伤的氛围中更有意义，人也容易得到更多的快乐。

杨倩，从小一直弹钢琴，长大后变成了一名钢琴师。那年她却因为一次意外，手残疾了，再也不能弹钢琴了。这对于一个拥有钢琴师梦想的人来说是多么残酷的一件事情。原本幸福的生活，顿时被蒙上了一层阴影，曾经开朗的她也变得忧郁、消沉。

之后的杨倩一直都很消极，甚至有点自暴自弃，时不时地喝酒。对他人的劝告都是置之不理，总是那句："反正这辈子，我是完了，你们还管我一个废人干什么？"这时候的杨倩犹如掉进了一个冰窟，寒冷彻骨，深深地陷入绝望中，难以自拔。

家人与朋友看到杨倩这样的状态，疼在心里，最终大家想出了一个办法。几个人将杨倩强硬地带到大街的一个十字路口。在十字路口那儿，经常有一个断了手的人在卖艺，他的衣着虽然破旧，却十分干净。杨倩盯着他残缺的双臂，看他用脚一笔一笔艰难地给顾客画着一幅山水画。杨倩被那张始终挂着微笑的脸深深地打动了。如果只看那幅清丽逼人的山水画的话，任谁能猜出那竟是用脚画出来的呢?

就这样,杨倩被震撼了。她也明白了:一个人遭受不幸在所难免,回避就是逃避,只有接受不幸才能走出不幸,上天关了这扇门,同时会为你打开另一扇门。

任何一个人,否定、逃避自己的悲伤情绪,都会让内心的痛苦强化,直至最后崩溃。因此,当有了悲伤的情绪,就要学会给它们找一个出口,让这些不良情绪得到宣泄与化解,否则积压的情绪就会成为一个定时炸弹炸伤自己。

悲伤是女人幸福的"无形杀手",它不但能谋杀女人的健康,还会阻碍女人幸福。心理学家建议女人悲伤来袭时,可以参考下面的做法:

一、多与家人、朋友交流。

人在悲伤的时候最需要慰藉。因此,当你被悲伤袭击时,要主动与家人、朋友倾诉,通过多交谈,你会得到朋友与家人的关爱与抚慰,也能让自己的心灵得到安宁。

二、可以宣泄,但不能绝望。

悲伤的时候,大哭一场,或者咆哮一番,都能让内心的悲苦宣泄出来。不过凡事都有一定的限度,发泄悲伤也要适度,否则很容易被这种行为牵引,与初衷背道而驰。女人宣泄之后,就要振作起来,不能让自己一直陷入低迷的情绪状态,否则很容易感觉绝望。

三、接受悲伤，不逃避。

当悲伤的事情发生时，我们需要做的是面对现实、接受现实，继而改变现实。只有当人有勇气去面对任何悲伤的时候，伤痛也不会再侵扰她。

不要被一时的感动
冲昏了头

一位在商场打拼多年的女经理，在交流会上不小心落下了手机。她一个电话打过去时，恰好是一位男士接的，那是会议中心的大堂经理。拿了手机之后，男经理在临别时问她："你还忘了什么东西吗？"女经理说没有。男经理笑笑说："还有你的倩影。"

这一句话就像一块棉花糖，让她的心瞬间融化了。她承认，她被感动得一塌糊涂。这些年，她都没有听到过如此富有诗意的话。那段日子，每每想起这段话，都觉得很甜蜜。

都说女人是水，有一颗善感的心。确实，女人很容易就会被感动，不管她是柔弱的小女人，还是精明能干的强女人。一个浪漫的约会，一束美丽的玫瑰，一个小小的惊喜，一句诗意的赞美，都会给她留下美好的回忆。或许，这份感觉会让她深埋在心里，一辈子不忘记。

可是，感动归感动，在享受甜蜜的同时，女人也不得不多一份防备。毕竟，生活不是童话，社会不是象牙塔，有些善意，有些美好，可能只是伪装的表象。就像下面这则寓言故事，相信看到最后，你也会有所领悟。

一位马夫得到了一批漂亮的白马，他每天都为它擦洗身体，梳理鬃毛。认识马夫的邻居和朋友，都说他心地善良，心思细腻，白马遇到了他，算是有福气。每次听人这么说，马夫心里都美滋滋的，还谦虚地说，这都是他应该做的。

然而，遇到这样的主人，白马并不开心。因为麦子的价格比较贵，马夫偷偷地把喂马的大麦都卖掉了，只剩下一小部分。每天，他就只喂白马吃一点东西，到了晚上白马总是饥肠辘辘。可即便如此，马夫也并没有给他增加粮食。

终于有一天，马夫在给白马梳理鬃毛的时候，白马发火了。它用粗而有力的尾巴甩开主人，大声地吼道："你不要再假惺惺的了，如果你真的对我好，就让我吃一顿饱饭。"

从表面上，为白马洗澡，精心梳理鬃毛，主人是多么贴心！可这些，不过是做给人看的，自欺欺人。洗得再干净，鬃毛再顺滑，可在生命面前，那都是无足轻重的东西。若是真心善待，何不让它吃饱肚子？基本的生存都保证不了，光鲜亮丽的外表又有何用？

身在旁观者的角度，女人往往是清醒的，可成了当局者，却有可能被感动冲昏头脑。一心只享受着表面的美好，甚至相信自己是遇到了真心人，别人的提醒权当耳边风，非要等到覆水难收，痛彻心扉，看到了无法接受的真相，才感叹是一场欺骗。

　　Tina失恋了，她内心还放不下前男友。独自在城市里打拼，每每生活中遇到点儿麻烦事，她就会想起男友说的"有事打电话给我"。可是，分手了还能成为朋友吗？她不想那么做，原本就是他提出的分开，自己又何必告诉全世界，失去他的日子自己过得很狼狈。要强的Tina，忍住了不去想他，只是偶尔看到身旁的情侣们相聚约会，心里会有点孤单和落寞。

　　无聊的日子，Tina就上网打发时间。一次偶然的机会，她在游戏里认识了乔，他在游戏里扮演指挥者的角色，声音很有磁性，大家都很欣赏他的"领导才能"，游戏里许多女孩都很"喜欢"他。碰巧的是，Tina和乔同在一座城市。

　　游戏之外，Tina经常跟乔聊天，谈各自的工作和生活。他们在同一城市里，今天地铁里发生了什么事，明天是什么样的天气，都能成为分享的话题和关心对方的理由。遇到烦心事的时候，Tina会向他倾诉。乔的那份细腻，更让她感动。渐渐地，Tina把乔当成了自己的精神寄托，她觉得，乔的存在填补了她内心的空缺，也让生活显得没那么"难熬"了。不上网的时候，他们会发短信，只要一天不跟乔联系，Tina就会觉得空落落的。

那天，Tina高烧不退，在医院打点滴。生病的时候，女人往往会比平时更脆弱。她打电话给乔，说自己病了。乔连忙打车到医院，那是他们第一次见面。Tina发现乔真的很有魅力，看上去比视频里更加俊朗。之后的几天，他一直悉心照顾Tina。

病愈之后，他们一起去看电影，一起去公园划船，一起去新开的西餐厅吃晚饭。吃饭时，服务员送来一束花，那是乔为Tina精心准备的。她彻底被打动了。乔送她回家，她没有拒绝。那天晚上，乔把她拥入了怀里……Tina沉浸在幸福中。

第二天，Tina醒来时，乔已经离开了。她给乔打电话，发现关机。Tina心里有点失落，却也没在意。后来，Tina又给乔打电话，可他说自己要出差两天无法见面。再后来，打他电话就总是被挂断，发信息也很少回。Tina的直觉告诉她，可能出问题了。

她每天都给乔打电话，可最后接通电话时，却听见乔说："以后你别再打电话了，我的前女友回来了，我们在一起了。"之后，乔的手机停机了。Tina不甘心，跑到乔的住处找他。可惜，别人告诉她乔已经搬走了，说他在这里住的时候，经常带不同的女人回家。

Tina彻底崩溃了，她实在想不到，那个体贴浪漫的乔，竟然是一个十足的感情骗子。

女人都渴望遇到一个对的人，渴望一份浪漫心动的爱，但在渴望激情的同时，也该多一份理智。遇见青睐于自己、献殷勤的男人，不要被甜言蜜语和玫瑰钻戒冲昏头脑，多了解一下对方。如果他的感情是真的，那他一定经得起时间和现实的考验；如果他只是当做游戏，那么迟早会露出破绽。真心不是一两件事、一两束花就看出来的，那需要经历很多很多的事，才可以见证。

总之，身为女人，别太轻易就被感动了。人生中那些不必要的伤痛，越少越好。

学会宽恕，
排除怨恨的情绪

热带海洋里生活着一种名为紫斑鱼的生物，其浑身长满了针尖似的毒刺。紫斑鱼的奇异之处，恰恰就在这些毒刺上：当它攻击其他鱼类的时候，就像是带着仇恨一般，异常愤怒。这时，它的刺会变得很坚硬，且毒性大增，对受攻击的鱼类造成的伤害也就越深。

从紫斑鱼的生理机能上看，它的寿命应该在七或八岁左右。然而，现实中的紫斑鱼，往往都活不过两岁。短寿的罪魁祸首，依然出在它的毒刺上。它越是愤怒，越是满怀仇恨，毒刺攻击得越狠，对其他鱼类和自己的伤害就越深。这种愤恨的怒火，让它的五脏六腑跟着一起灼烧，在烧毁别人的同时，也毁了自己。

世间万物，被自己所伤、被自己所困、被自己所毁的，又岂止是紫斑鱼呢？

女人这辈子，总会遇到一些给自己带来刻骨铭心的伤痛的人，或许是昔日的恋人，或许是曾经的挚友，或许是只有一面而缘的陌生人。但无论对方是无心伤害，还是有意为之，都不要背负着仇恨生活。在仇恨的岁月里，无时无刻不被怒火灼伤的，其实是自己的心。

一位患有癫痫病的母亲，要照顾身患重病不能自理的老伴，还要供养读大学的儿子。全家的开销，就指望她给人洗衣服赚来的那些钱。生活艰辛，可她很欣慰，因为儿子马上即将大学毕业，一向优秀的他，已经跟一家不错的单位签了合同，很快就能工作了。

可惜，天有不测风云，人有旦夕祸福。儿子在参加一场营火晚会时，不幸被一位喝醉酒的少年用酒瓶打死了。这位可怜的母亲，连儿子的最后一面都没见到。她万般悲痛，希望时间的流逝能让自己淡忘所有的痛苦，但她做不到，特别是对那个杀害自己儿子的人，心中充满了怨恨。三年过去了，她的痛苦一点都没减少，仇恨每天如影随形，让她痛不欲生。

终于有一天，她想起那个杀害自己儿子的少年，今年也已经成年了。若不是犯了那样的错，他现在应该也在大学的校园里，可如今的他却被关在了灰色的高墙内，她的母亲一定也很痛心。她决定，去看看这位"仇人"。

在朋友的安排下,她与"仇人"相见了。当他们面对面而坐的时候,"仇人"突然抱着她痛哭起来,不停地说"对不起"。那种感觉对她而言,似曾相识,就像是抱着自己的孩子一样。就在那一刻,她心中的仇恨彻底放下了。

此后,她依然以给人洗衣服为生,可她的心里平静多了,也释然了许多。她知道,仅仅岁月安好是不够的,在岁月不够安好时,人心向善,这尤为重要;在那些无常和无奈的缝隙中,该放下悲痛和怨恨,努力找到希望的光,并用那一点点微弱的光,照亮自己今后的日子。

女作家张小娴说:"被恨的人,是没有痛苦的。去恨的人,却是伤痕累累。"不肯放下心中的仇恨,是对自己的不负责任,这份恨意会让生活陷入黑暗,会让心灵陷入迷途。女人这一生要经历很多事,要牵挂很多人,要扮演多种角色,太不容易。生活本已够累,若在精神上还不懂得善待自己,舒缓心灵,实则是苦了自己。

不管他人给你带来的伤害是无心之过,还是有意为之,都不要太放在心上。若总是觉得自己内心憋屈,忍不住去愤恨别人,那么请你记住:这个世界上,还有人比你更倒霉,经历过更多、更大的痛苦,可他们却都可以一笑泯恩仇。

曼德拉,南非的民主斗士,太平洋孤岛囚犯,南非的总统。

他因为领导反对白人种族隔离政策被捕入狱，被关在荒凉的罗本岛上27年。身为要犯，他被三人看守，他们对他并不友好，经常以各种理由凌辱虐待他，平时对他拳脚相加。

1991年，南非种族隔离斗争胜利了，曼德拉被释放，当选为南非首位黑人总统。曼德拉上台以后没有把伤害过他的人送进监狱或者杀掉，而是让他们享受和大家一样的政治和生活待遇。这足够让那些伤害过他的人羞愧难当。

在就职典礼上，他起身致辞迎接来宾，他深感荣幸能够接纳世界各国的政要，他更高兴的是，当初他被关在罗本岛时，看守他的三人也到场了。年迈的曼德拉缓缓站起身来，恭敬地向三位关押他的看守致敬，在场所有人都惊讶了。

后来，克林顿的夫人希拉里关切地问及此事，曼德拉平静地说："当我走出囚室，迈过通往自由的大门时，我已经非常清楚，自己若不能把悲痛与怨恨留在身后，那么我其实仍在狱中。"

不懂宽恕的女人，永远都在画地为牢。要排除怨恨的情绪，就得学会慢慢地接受现实，从心底理解和原谅他人。如此，怨恨才会随着时间的推移逐渐淡去。当女人放下了怨恨，她就不会再受负面情绪的困扰；放下了仇恨，她就能变得平和、安详；放下了仇恨，她就会积极向上、充满阳光地对待生活；放下了仇恨，她就能从内心深处散发出一种恬淡和优雅。

学会原谅自己

鲁迅先生的《祝福》里，有一个逢人便重复同样话的女人，她就是祥林嫂。她有着一段悲惨的遭遇，因为疏忽没有看好自己的孩子，导致孩子被狼叼走。从此，这便成了她生命里最深的痛，最大的悔恨。周围的人对她没有同情和怜悯，只有冷漠与嘲笑。祥林嫂不知所措，渐渐地远离了人群，变得沉默寡言，终于在除夕夜里凄惨地死去。

相信直至现在，看过这篇文章的人，依然会对这一情节记忆犹新。祥林嫂的喋喋不休，她的怨声载道，她的后悔不已，委实令人难忘。其实，她所有的症结都源于一点，就是不肯宽恕自己，在出现心理创伤之后没有及时走出心理阴影，悔恨交加的情绪积压在心里，耗竭了心力，导致精神世界彻底崩溃。

现实中，也有一些女人终日沉浸在往昔的过错里，懊悔个不已，不能自拔。

陈菲因病休假在家，心里却始终放不下工作的事。她是公司宣传部的主管，许多事都得亲自把关才放心，偶尔放任一下部署，就可能出了岔子。虽然每天在家里休息，可她还会不时地询问下工作上的事。后来，因为有一项重要的文件需要她签字，她便让助理下班时顺道把东西带过来。结果，在来她家的途中，助理不小心被一辆电动三轮撞了。

事后很久，她一直都觉得愧对助理，总在想办法"弥补"对方，弄得助理都觉得有点不好意思。毕竟，那次小意外，只是让她擦伤了皮，并无大碍。况且，就算不给陈菲送文件，她依然要经过那条路。从始至终，她从来就没有怪过陈菲。

年轻女孩的可可，内心极纯净，生性爱浪漫。一次偶然的机会，她结识了一位有妇之夫。她爱上了他的成熟，他喜欢她的纯真，一场错误的爱就这样开始了。后来，男人为了她，抛弃了妻子和孩子，想跟她厮守终生。虽说这是她日思夜想的，可看到他曾经的家庭破碎了，心里还是不免有点内疚。坦诚来讲，她心里很抵触婚外情这样的事，更不想成为第三者。只是，爱情来了，防不胜防，冲昏了理智。

如果事情就这样结束，也许时间会慢慢平复她的心绪。可谁也没想到，就在男人离婚一个月后，他的前妻竟然饮恨自杀了。得知这个消息时，可可完全吓傻了，她第一反应就是，自己破坏了别人的家庭，把她逼到了绝路。她无法承受自己对别人造成的伤害，终日郁郁寡欢，好几次都想结束自己的生命。

身边的人安慰她说："就算没有你的出现，他们之间的婚姻也未必不会出现问题。他们既然已经做出了离婚的选择，就说明彼此都慎重考虑过了，至于离婚后要怎样生活，那都与对方无关了。"这些话，她听在耳朵里，却入不了心。她觉得自己就是一个罪人，唯有每天"折磨"自己，心里才会好过一点。可她不知道，在她怨恨和诅咒自己的时候，身边还有家人朋友为她痛心。

不肯原谅自己的女人，往往都是过于偏执，爱钻牛角尖，不懂及时变通和反思，只知道懊悔内疚，折磨自己。在一定程度内，自责是好事，但不能太过分。不肯原谅自己，一次次地经历曾经的伤痛，一次次地在脑海里回放痛苦的画面，难免会情绪失控，惹得周围人也跟着揪心；难免会精神崩溃，对未来失去信心；难免会生活乱套，无法像普通人一样过日子。

席慕容写过一篇《白色的山茶花》的散文，里有这样一段话："就因为每一朵花只能开一次，它就极为小心地绝不错一步，满树的花，就没有一朵开错了的。它们是那样慎重和认真地迎接着唯一的一次春天。"

我们的生命也和山茶花一样，只有唯一的一次，可就因为它的稀有，就要每一天都活得小心翼翼，不允许犯一点点错误吗？那样的生活，未免太古板，太苛刻。我们既然能够不迁怒台风、海啸带来的无尽迫害，也能拿出十分的宽容面对别人的失误，为什么就不能原谅自己呢？正因为生命短暂，才不必懊恼曾经犯过的错。原谅别人，放弃的是旧怨；原谅自己，重获的是新生。原谅别人，心里风平浪静；原谅自己，眼前海阔天空。

原谅自己，不是为自己的错过找借口，纵然是柔弱的女子，该承担的时候也要有义无反顾的态度。只是，当一切都已尘埃落定，无论是非对错，都要走出过去的阴霾，重新面对自己，开始新的生活。诗人荷马说过："过去的已经过去，过去的事情无法挽回。"既已如此，再多的自责又有什么用？只会让自己的内心更加痛苦，让情绪更加急乱。原谅自己，是用宽容的心接纳自己，是与过去握手言和。

原谅自己，是女人内心的一种自信。犯了错，相信自己有能力把错误踩在脚下，继续前行。那是一份容得下错误和瑕疵的胸怀。待上升到人生的另一个高度时，回首曾经的错误，都会成为弥足珍贵的经验和回忆。到那时，笑着看自己曾经犯过的错，是多么地不值一提。

每个人的生活，都是在错误中向前的。有了错误，人生才有了缺憾的美，就连那些智者圣贤尚且犯错，更何尘世间的一个平凡女子呢？也许你曾艳羡过那些步履从容、笑看人生的女人，可她们的人生就没有任何瑕疵吗？她们的一生样样都完美无可挑剔吗？她们活出了美丽，并非是生活多么眷顾她，而是她们懂得眷顾自己，从不让自己走进死胡同。其实，人生就是这样，有时只需拐个弯儿，就会豁然开朗。

与其抱怨，
不如给生活一个微笑

生活又总爱以对手的模样呈现，将坎坷静静埋伏在女人经过和将要经过的地方。女人不容易，香肩顶天，撑起半壁江山；柔怀若谷，揽进一家悲欢。这些压力无形中就会导致女人爱抱怨孩子不懂事，爱人不体贴；付出的多，得到的少；上司不公平，制度不合理；精打细算，生活不易，买个手纸都要考虑老半天……一声声抱怨就是一段段忧伤，既伤身又伤神。

其实生活原本就是这样，酸甜苦辣尽在其中。有人感觉甜蜜，一路上充满欢声笑语；有人感觉苦涩，哀叹艰辛和无奈；也有人陷进酸楚，独自叹息。不见得是谁比谁幸运多少，这些全在于自己如何看待，如何把握。

气候有冷暖，人生有四季，人活一世，谁能事事如意？所谓万事如意，不过是一种美好的祝愿。面对挫折，抱怨是最没有意义的行为，解决不了任何问题，反倒会为我们带来一连串的负面影响，到头来，抱怨者反而成了抱怨最大的受害者。

　　人生苦短，健康、幸福才是女性的根本追求。原本苦苦寻觅的所谓快乐，其实就在自己身边，只不过追逐的目光和惯性的抱怨使我们不懂得欣赏已拥有的幸福。

　　这个故事很简单，却很值得人思考。礼拜六上午，一位牧师正在苦思明天的布道词，妻子出去购物了，淘气的儿子在旁边搅得他心烦意乱。他实在不知该如何让儿子安静下来，忽然看见身旁的一本杂志，灵机一动，扯下了封面，这是一张背面是人像的世界地图。他把它撕成了很多块，然后交给淘气的儿子，让他到一边把已撕成碎片的世界重新拼接好，允诺如果拼好了就给他一美元。

　　父亲以为这件事足够儿子忙乎一阵子了，可是才不过十分钟，就响起了敲门声。儿子站在书房门口，手里拿着的正是他从碎片中拼起来的世界地图！

　　父亲惊异于孩子的速度，问他是如何在这么短的时间内完成的。儿子很是得意："我先按人像来拼碎片；然后翻过来就是地图了。只要'人'好了，'世界'也就好了。"

　　父亲心中一动，把一美元给了孩子，说："儿子，感谢你的提醒，你使我想好了明天的布道词——只要人好了，世界也就好了。"

对啊，只要我们不抱怨，才会发现生活中更多的美，人才会就越活越开心，这就是"人好了，世界也就好了"的真意。

生活中有很多烦恼的因素在左右着我们，有时候刚逃出一个旋涡，却闯入另一个旋涡。抱怨便是其中一个。若我们不能很好地控制自己，就会在这旋涡里越陷越深，无法自拔。所以，当我们发现自己已经开始抱怨，就要及时发现，趁着还没越陷越深，自己拉自己一把。

抱怨会蒙蔽人的双眼、屏蔽人心的感应，使即便近在眼前的快乐也难以感受得到。心理专家表示适度的抱怨会使坏情绪得到一定的宣泄，相反过度的抱怨令人作茧自缚。女人心情不好的时候，偶尔可以抱怨一下是没有问题的，但不要让抱怨成为一种习惯，否则会陷入恶性循环中，因此女人要学会在抱怨中自省，切忌在抱怨中沉沦。

生活对于每个人都是公平的，你会遇到困难，别人同样也会遇见，不要因为看不到他人陷入困难的模样，就抱怨上天对自己不公，命运不眷顾自己。其实这个世上主宰命运的人最终还是自己，只有自己才是拯救自己的上帝，遭遇困难时，请放下抱怨，用放松的心态去面对，棘手的问题反而会更容易解决。

给生活一个微笑，慢慢你会发现生活也还了你一个微笑。有了这样的态度，女人才不会过分计较生活中的得失，不会为一点不如意愁肠百结，这样的女人才会有幸福的资格。

如何摒弃心中的抱怨：

一、调节心理平衡。

从现在开始请停止抱怨，学会调节心理平衡，别给自己制定过高的目标。一个人的快乐，不是她拥有多少，而是她知道自己拥有多少。

二、时刻保持轻松的状态。

时刻保持放松的心情，把注意力转到让自己快乐的事情上来，该忘记的别记住，该记住的别忘记。

三、去让自己开心的环境。

为自己创造一个积极、宽松、和谐的生活环境。不管遇到什么问题，抱着"车到山前必有路"的潇洒气度，冷静地应对各种变化，化逆境为顺境，变压力为动力，为自己的灵魂找一条快乐的出口。

四、对自己负责。

"与其抱怨，不如试着改变"，这句话说得真好。还在那里抱怨生活的朋友们，不要浪费时间了，勇敢地站起来，改变一下自己，哪怕是小小的改变一下，继续快乐地前进吧！

成为自己的
"情绪拆弹部队"

情绪一直都在，积极乐观与负面情绪就如同光和影，有些时候我们在不经意间就用光明驱散了阴影，一些突然降临的快乐，一些小小的感动，就像一颗一颗小太阳，把囤积在心里的冰块融化；而有些时候，来不及融化的小冰块会在持续"阴雨"的心中累积成一块大冰坨，它释放的阴冷气息让我们心中久久不能"放晴"，再不处理就可能酝酿出排山倒海的暴雨狂风。

学会"闹情绪"，通过有的放矢的宣泄，成为自己的"情绪拆弹部队"，避免无谓的"火山爆发"，以免让苦心经营的良好人际关系毁于一旦。

小秋是一家小型广告公司的普通白领，平常工作忙碌，压力也比较大，为了拼绩效，每天都被任务撵着屁股跑。她和丈夫结婚已经三年了，小日子过得富裕又有情调，美中不足的是——公公婆婆急着抱孙子，可小秋的肚子却一直没有动静。之前他们也只是不冷不热地敷衍着，最后婆婆决定搬到城里跟他们小两口住在一起，借口说他们两人工作都忙，她过来能帮忙做饭收拾屋子。可小秋心里明白，那哪儿是帮忙啊，还不是怕她不肯要孩子，过来催促的。

开始的一段时间，一家三口还算相安无事，但时间长了作为"外人"的小秋就有点受不了了。婆婆没什么文化，对小秋这样每天拼命工作的"女汉子"很有看法，在她心里，女人伺候男人、生养孩子，把家里照顾妥当比啥都重要。可是小秋呢，起早贪黑地上班，在婆婆来之前夫妻俩甚至没在家吃过一顿像样的早餐，总是急急忙忙起床，冲出家门在路上随便买点东西填肚子；到了晚上，小秋又总是加班，丈夫饿着肚子回家还要给她做饭，想吃点好的改善一下生活的时候就叫外卖。婆婆看在眼里，心中自然不满，嘴上就不免唠叨起来，教训儿媳妇那是丝毫不留情面。而小秋虽然是现代女性，却知道晚辈要孝敬长辈的道理，若她对婆婆有丝毫不敬，不免有看不起婆婆的嫌疑。她怕丈夫误会自己嫌弃他们母子出身农村，怕伤害丈夫的自尊，便默默打定了主意，就是心里再郁闷，面儿上也绝不表现出来，不能让人说自己是个没大没小的"恶媳妇"。

原本以为婆婆在家里住上一段时间，没了兴致也就回自家去了，却没想到，老太太是做了长期抗战的准备，在小秋成功怀上宝宝之前不打算走了。这下可愁坏了小秋，丈夫人很憨，没心没肺的，生活有亲妈照顾以后过得很舒适，也顾不上老婆情绪的变化。而小秋在婆婆的"调教"压力下，回家越来越晚，在家里话越来越少，对丈夫的态度也渐渐冷淡，动不动就给他脸色看——惹不起婆婆，她只能在不知体谅的丈夫身上发泄满腔委屈。不明所以的丈夫也不知道自己哪儿做错了，常常是没头没脸地就遭到老婆一顿冷嘲热讽，当着老妈感觉很没面子，很是窝火。就这样又过了几个月，小秋夫妇虽然辛苦却甜蜜的婚姻生活不复存在，小秋越来越觉得丈夫是个狼心狗肺的混蛋，而丈夫也恼火那个温柔贤淑的妻子已经变了，有好几次两人因为芝麻绿豆大的小事吵架，几乎要动起手来。越是吵，就越觉得对方不在乎自己，他们的婚姻最后以破裂告终。

在离婚协议上签下自己名字的瞬间，小秋紧紧抿着嘴唇，心里千般不舍、万般委屈，还是没有说出口，只有故作无情，摔下笔，拖着行李箱扭头就走，留下丈夫无奈地摇头叹气——婚都离了，他也没弄明白自己媳妇哪儿来那么大的脾气，为啥成天找茬、闹情绪。自古婆媳关系最是难处，小秋因为婆婆的不理解，因为日复一日地被讽刺挖苦，心中有情绪实在是非常正常，她能够体谅丈夫母子出身农村，害怕自己一不小心说错话会伤害到他们的感情,也充分说明她是个通情达理、温柔贤惠的好妻子、好媳妇,但最后她又因为一味逃避真正的矛盾、乱闹情绪,又闹得不在点子上,深深伤害了丈夫,将两人原本和谐美满的婚姻推向破灭。

那么什么叫作聪明地"闹情绪"呢?

首先,就事论事,勇敢说出心中想法。很多时候我们不敢与人沟通,尤其是不敢说出内心真正的意见和不满,不只是体贴地为他人着想,更是一种自我保护的退缩,想要回避真正的冲突。而这种回避只会让事情越来越糟糕,要么对方不知悔改继续让你尴尬难堪,要么让你承载更多压力,需另寻一个软弱可欺的突破口,使自己反倒成了乱发脾气的火药桶。

其次,诚恳并保持克制地争吵,好过若无其事地走开。切勿搞混了好脾气和冷暴力,对方一腔热情对着你絮絮叨叨说好多,你一个"嗯"一个"啊"就打发了,这不是温柔懂事有涵养,这是最最拱火的冷暴力——漠不关心,不作回应,伤人于无形。事实上没有关系的人之间不会争吵,争吵源自关注和干涉,尤其是亲友、夫妻之间,很多口角发生在彼此关心在乎、想要更多融入对方生命的时候,有了情绪就闹个小脾气,哪怕当时生气了,过后也会变得更加亲密。

最后也是最重要的,闹情绪不是闹革命,不要总想着把对方一棍子打倒，让其永不翻身。正所谓"小吵怡情，大闹要命"，什么陈芝麻烂谷子翻旧账、东拉西扯捎带上不相干的人、攻击人格否定一切，动辄就以"你全家如何如何""你从来如何如何""你这辈子就如何如何"的争吵行为已经超出了健康闹情绪的范畴，变成了失控的发泄，那样不仅不能解决眼前的问题，还有可能引发更严重的冲突。最可笑的是，失控争吵到最后，大家甚至都忘了最初是为什么事而闹的情绪。